I0059661

ESSAI MONOGRAPHIQUE

Sur les

DIANTHUS DES PYRÉNÉES FRANÇAISES

. PAR

ED. TIMBAL-LAGRAVE

Pharmacien de 1re classe
Membre de plusieurs Sociétés savantes.

AVEC

32 PLANCHES DESSINÉES

PAR

LE Docteur E. BUCQUOY

Chevalier de la légion d'honneur. Officier d'Académie, etc
Membre de plusieurs sociétés savantes,

P. MORER

Imprimeur - Libraire, Perpignan

/

INTRODUCTION

En publiant cet essai monographique sur les Dianthus des Pyrénées françaises, nous sommes persuadés qu'un travail d'ensemble qui eut compris les Dianthus de la chaîne entière des Pyrénées, le versant français et le versant espagnol, ou bien encore une monographie de tous les Dianthus de la flore française, aurait eu un bien plus grand intérêt a plusieurs points de vue.

Il est bien certain que si nous avions pris l'extrême midi, l'Auvergne, les Cévennes, les Alpes, et même les Vosges, nous aurions eu à faire mention de plusieurs espèces des plus intéressantes de la flore française, d'autant plus que plusieurs sont considérées comme des espèces controversées, soit pour leur détermination, soit pour leur synonymie, tels que les D. Liburnicus (Bartl.), Hirtus (Vill.), Neglectus (Lois), Cæsius (Smith) et surtout le D. Sylvestris (Wulf et des auteurs); mais il nous aurait fallu, pour bien les apprécier, voir ces plantes vivantes et sur place, suivre leur aire de dispersion en plusieurs lieux et même soumettre certaines espèces a des essais de culture comparative, comme nous l'avons fait pour quelques espèces pyrénéennes que nous avons suivies dans une foule de localités.

Il faut bien dire aussi que plusieurs botanistes ont déjà publié des travaux très importants sur les Dianthus de leur région; M. Jordan a pris à partie le D. Sylvestris des auteurs et le D. Hirtus (Vill.) et nous a signalé quelques caractères très importants qui tendent a séparer ces plantes en plusieurs espèces ou variétés notables. M. Martial Lamotte, dans son prodrome de la flore du plateau central, nous a donné, avec le talent d'observation qui le distingue, des descriptions et des détails précieux sur les espèces de sa région, qui seront d'un grand intérêt quand on refera la flore française; d'un autre côté, M. Verlot, dans son très remarquable catalogue raisonné des plantes du Dauphiné, nous a donné la liste détaillée de tous les Dianthus de ce riche pays. M. Verlot, dont tout le monde botanique connaît la sagacité et les recherches sur les plantes spontanées, a adopté le démembrement des D. Sylvestris et Hirtus proposé par M. Jordan et nous a fourni en même temps des notes synonymique sur les espèces critiques du Dauphiné, qui nous permettront, maintenant, de bien apprécier les Dianthus des Alpes françaises.

Les Pyrénées sont restées en arrière dans ce mouvement; cependant, dès 1780, Pourret, en parcourant les Pyrénées et les Corbières, avait laissé des marques ineffaçables de son passage dans nos montagnes. Ce botaniste distingua le premier le D. Pyrenœus du D. Catalonicus, réunis plus tard en un seul par Smith, sous le nom de D. Attenuatus et séparés depuis en deux sous-espèces par MM. Willk. et Lange dans leur prodrome de la flore d'Espagne.

Pourret confondit le Dianthus Virgineus de Linné sous le nom de Pungens du même auteur et entraîna, par son autorité, la plupart des botanistes français jusqu'à ces dernières années. Lapeyrouse dit que Pourret lui avait indiqué le D. Ferrugineus de Linné à Mont-Louis, où l'on ne trouve que le D. Vaginatus (Vill.) et nullement la plante que Linné avait nommée ainsi et qu'il avait indiquée en Italie. D'après Lapeyrouse et de Candolle, Pourret aurait signalé les Dianthus Neglectus et Alpinus à Puilleron, où on n'a pu retrouver ces deux espèces des Alpes, ce qui semble prouver que Pourret, malgré sa grande connaissance des espèces, avait négligé l'étude de ce genre, peut être difficile à cette époque.

La peyrouse, qui pouvait profiter des observations de Pourret et de Villar, n'a pas fait preuve d'une grande sagacité; lui qui cherchait dans le port et le facies des caractères spécifiques, n'a pas su distinguer une seule espèce et a fait les plus grandes confusions; nous n'avons qu'à citer le D. Seguieri, qui n'est qu'une variété, le Caryophyllus, qu'il n'a jamais vu, le Virgineus, le Pungens, etc.

Il signale encore le D. Hispanicus (Asso), qui ne vient pas dans les Pyrénées françaises et propose une espèce nouvelle qui est très difficile à définir et sur laquelle on n'a que des probabilités comme nous chercherons à le démontrer dans notre travail.

A la liste des auteurs Pyrénéens, nous devons ajouter M. G. Bentham qui, dans dans son voyage dans les Pyrénées et les Corbières en 1826, signala les Dianthus qu'il avait rencontrés ; il dit en terminant : « Je n'ai vu dans les Pyrénées « qu'une seule espèce de Dianthus à pétales laciniés; elle varie quant à la longueur « des écailles qui, quelquefois, n'atteignent pas le milieu du tube du calice et qui « d'autrefois, arrivent à son niveau, offrant tous les intermédiaires; les pétales sont « aussi de grandeur variable, toujours plus ou moins poilus ; ces variations m'ont « surtout frappé dans les prairies des environs de Venasque, ou cette espèce, le « Superbus, est très répandue.»

Bentham semble avoir vu quelques espèces, notamment celles que nous avons distinguées aux environs de Venasque, mais il était trop pressé et semble avoir un certain parti pris sur leurs caractères, car il s'étend avec trop de complaisance sur ces prétendues variations qu'il n'avait pas assez étudiées.

Enfin, nous devons convenir aussi qu'il est regrettable que notre travail se borne au versant français de la chaîne, depuis le cap Cerbère jusqu'à Gavarni, laissant de côté la partie occidentale que nous n'avons pas explorée et à laquelle nous n'avons emprunté qu'une ou deux espèces, le D. Geminiflorus (Lois) et le D. Benearnensis que nous avions étudié autrefois avec mon savant ami M. Loret; nous avons cependant ajouté à notre étude la vallée d'Essera , la ville de Venasque et

Castanèse qui, quoique à l'extrême frontière, font partie du territoire espagnol, parce que ces différentes localités sont généralement considérées comme géologiquement conformes aux montagnes du versant français et de nos frontières, ce qui a donné l'habitude de les mentionner dans les flores françaises.

On remarquera aussi que nous ne faisons mention que d'un petit nombre de localités, où nous avons vu et récolté nos Dianthus; il est probable que quand les recherches seront plus multipliées et que ces plantes seront mieux connues, on les trouvera dans une foule de stations de cette vaste chaîne.

Les Dianthus, qu'on nomme des œillets dans nos jardins, où plusieurs sont cultivés, sont de très jolies plantes, très recherchées des botanistes et des touristes qui viennent dans nos montagnes chercher des distractions et des connaissances variées.

Les Dianthus Deltoïdes et Vaginatus. couvrent les pelouses et les prairies de leurs jolies fleurs purpurines; les Requieni, Subulatus, Aragonensis, émaillent de leurs fleurs dentees les rochers arides; nos régions maritimes, couvertes de sables, nous offrent le D. Attenuatus et surtout le D. Pungens, qui présente des individus ayant jusqu'à 1 mètre de circonférence et formés par des tiges nombreuses qu'émaillent des milliers de fleurs. Les plaines et les rochers arides des Corbières nous donnent encore les D. Velutinus et Prolifer; mais la plante la plus curieuse de cette région est, sans contredit, le Dianthus tant controversé, que nous prenons pour le D. Virgineus (L.) et dont nous aurons à parler longuement plus tard; ce dernier, très répandu dans toutes les Corbières, présente, selon son habitat, depuis La Clappe jusqu'au Pech de Bugarach sa plus haute station, des variétés de taille et de grandeur qui en ont fait faire plusieurs espèces, qui n'ont aucune valeur spécifique, comme le D. Subacaulis (Vill.)

C'est après avoir bien apprécié tous ces faits, que nous avons entrepris le travail que nous présentons au public. Nous avons depuis longtemps attiré l'attention des botanistes sur quelques espèces de ce genre; dans nos nombreux travaux sur les plantes de cette vaste chaîne, nous n'avons jamais manqué de nous étendre sur ce genre intéressant et de tracer le mieux possible, la synonymie un peu obscure des espèces. Nous devons convenir que si nous n'avons pas toujours réussi, malgré nos recherches actives et persévérantes, nous avons la satisfaction de croire que, grâce à nos efforts, quelques espèces seront mieux connues et plusieurs parfaitement déterminées.

Quelques botanistes nous ont demandé, depuis longtemps, nos observations sur les Dianthus groupées en un faisceau, afin qu'elles puissent être présentées et discutées, et offrir ainsi aux botanistes tous les documents réunis et non pas dispersés dans une foule de recueils, qu'il est toujours difficile de se procurer en province.

Nous avons accepté cette opinion avec empressement, parce que, ayant poursuivi l'étude de ce genre depuis nos premiers travaux, nous avions à y ajouter quelques faits nouveaux et à modifier même quelques observations, car il ne faut jamais craindre de dire que l'on s'est trompé.

Ce qui surtout nous à tout à fait déterminé à publier notre essai monographique des Dianthus, c'est le concours qu'à bien voulu nous prêter M. le Dr Bucquoy, qui, avec un talent très remarquable, à dessiné tous les Dianthus contenus dans notre travail. M. Bucquoy, notre confrère de la Société Botanique de France, a mis en relief les caractères qui distinguent nos espèces; ses planches, très exactes, corroborées par nos descriptions et notre tableau dichotomique, faciliteront énormément la connaissance de ces espèces litigieuses.

Qu'il nous soit permis, en terminant cette rapide introduction à notre essai monographique, de remercier la Société Agricole, Scientifique et Littéraire des Pyrénées-Orientales, pour l'accueil qu'elle a fait à notre travail; nous prions ses membres et son Bureau de vouloir bien accepter nos remercîments pour leur généreux concours et les encouragements qu'ils savent donner à la science botanique et aux travailleurs.

Toulouse, 15 Février 1881

Ed. TIMBAL-LAGRAVE

DIANTHUS DES PYRÉNÉES .

CLEF ANALYTIQUE DES ESPÈCES

1
Calice à 5 angles membraneux sur les commissures, écailles calicinales scarieu ses, larges, obtuses ou mucronées au sommet. Calice se fendant latéralement dans toute sa longueur 2
Calice non anguleux, convert de nervures rapprochées, ne se fendant pas latéralement dans toute sa longueur; écailles calicinales, ovales, lancéolées, tronquées ou atténuées en une arête plus ou moins cuspidée 8

2
Fleurs sessiles; calice à écailles glabres, obtuses, appliquées; pétales entiers ou érodés au sommet; graines ellipsoïdes planes, chagrinées, non tuberculeuses : feuilles soudées en une gaine . . . . **D Prolifer** L
Fleurs pédicellées; calice plus large que haut, à écailles aigues, velues, un peu étalées au sommet; pétales émarginés ou bifides; capsule cymbiforme, munie de tubercules, aigue, plus haute que large. . . . **D. Velutinus** G.

3
Fleurs rapprochées en capitule compacte 4
Fleurs solitaires ou réunies en panicule 7

4
Fleurs en capitule résultant d'une trichotomie régulière; fleurs roses, pointillées, glabres à la gorge. . . . . **D. Barbatus** L.
Fleurs en capitule résultant d'une trichotomie à branches latérales inégales, velues à la gorge 5

5
Plante à souche vivace, compacte ou cœspiteuse; pétales contigus 6
Plante à souche pivotante, non vivace; pétales non contigus **D. Armeria** L.

6
Fleurs grandes, d'un rose brillant; capitule ne donnant qu'une ou deux fleurs fleuries à la fois ; plante d'un vert jaune, à 2, à 3 tiges
D. Carthusianorum L.
Fleurs plus petites, d'un rose purpurin; capitules donnant 4 à 6 fleurs fleuries à la fois; plante vert glauque, multicaule . . . . . **D. Vaginatus** V.

7
Ecailles calicinales égalant la moitié du tube du calice, atténuées en arête, herbacées , ayant des nervures de la base au sommet de l'écaille; fleurs de petite taille; calice étroit 8
Ecailles calicinales, égalant le quart du tube du calice, brusquement contractées en arête courte, ayant seulement l'arête fortement nervée, fleurs grandes; calice, gros, cylindrique 18

8
Pétales entiers, crénelés ou subémarginés 9
Pétales incisés ou fimbriés jusqu'au milieu ou à la base 21

9
Pétales plus ou moins dentés; tiges stériles et florifères 10
Pétales entiers ou un peu émarginés; tiges toutes florifères **D. Insignitus**
Timb.-Lagr.

10 { Pétales à limbe foncé et maculé à la gorge 11
Pétales à limbe concolore, non maculés à la gorge. 13

11 { Feuilles raides conformes, à 3-5 nervures; pétales contigus, pourpres, velus
et maculés à la gorge. 12
Feuilles molles, celles des surcules ovales, larges, aplaties, celles de la tige lan-
ceolées, celles du sommet linéaires aigues ; pétales non contigus, pourpres,
maculés de blanc. . . . . **D. Deltoïdes** L.
ou blancs maculés de pourpre brun. . . . . **D. Glaucus** L.

12 { Ecailles calicinales appliquées, atteignant la moitié du tube du calice, nerviées
de la base au sommet; calice ciliolé; pétales à limbe maculé à la gorge de
pointes purpurines; feuilles molles .
tiges molles, couchées, uniflores. . . . . **D. Seguieri** Ch.
Tiges dressées, élevées, robustes, à fleurs nombreuses.
D. Geminiflorus L.

13 { Souche forte, ligneuse, pivotante, rameuse ou traçante; tiges raides suffrutescentes. . . . . - 17
Souche plus ou moins forte, non ligneuse, compacte ou cespiteuse; tiges grêles
non suffrutescentes. 14

14 { Tiges uniflores; écailles calicinales vertes. 15
Tiges biflores, triflores; écailles calicinales jaune pâle 16

15 { Pétales à dents triangulaires, onglet des pétales inclus dans le calice ; capsule
égalant les dents du calice; tige glabre. . . . **D. Requieni** G. et God.
Pétales à dents simples, droites, obtuses ou tronquées, onglets dressés, saillants
hors du calice ; capsule faisant saillie hors du calice ; tiges biflores
D. Aragonensis T.-L.

16 { Pétales à dents fines, surdentées, régulières; écailles du calice atténuées en
arête fine, ovaire, elliptique, allongée; tige pluriflore **D. Benearnensis** Lo
Pétales à dents triangulaires, irrègulières; écailles du calice contractées et non
atténuées en arète courte; tige biflore . . . . . **D. Cognobilis** T.-L

17 { Souche forte, ligneuse, donnant des tiges très nombreuses (plus de 100) alter-
nativement fortes et rameuses ; feuilles courtes et piquantes
D. Pungens L.
Souche ligneuse, traçante, donnant 15 à 20 tiges grêles, ascendantes, étalées,
dressées, faibles ; feuilles longues, raides, aigues, subulées
D. Subulatus T. L.

18 { Souche forte, compacte; tiges élevées, grosses ; écailles du calice nerviées
fortement sur l'arête; calice gros, long, cylindrique; limbe des pétales denté
dentés. 19
Souche peu dense; tiges grêles, ascendantes, dressées; écailles calicinales à
nervures obscures; calice court; pétales à limbe entier ou émarginé, ou obscurèment mucroné. 20

19 | Ecailles calicinales égales ; pétales contigus arrondis ; feuilles en gouttière ; souche donnant de longs rejets nombreux ; graines faiblement chagrinées.
D. Caryophyllus L.
Ecailles calicinales inégales ; pétales non contigus, à limbe oblong ; feuilles triquêtres ; souche compacte émettant des rejets compactes très courts ; graines fortement chagrinées. . . . . **D. Godronianus** Jord.

20 | Fleurs rose vif, à limbe entier ; étamines à filets blancs, inclus ; anthères blanc bleuâtre, pollen blanc jaunâtre ; style saillant hors du calice. Ecailles calicinales appliquées ; feuilles subulées, longues. . . . . . . **D. Virgineus** L.
Fleurs roses, purpurines, à limbe entier, mais faiblement mucroné ou émarginé ; filets des étamines rosés, saillant hors du calice et rejetés sur les pétales ; anthères rouge cramoisi, pollen noir ; écailles calicinales étalées ; feuilles courtes, roides. . . . . **D. Brevistylus** T. L.

21 | Pétales laciniés et fimbriés jusque vers le milieu du limbe. 22
Pétales laciniés et fimbriés jusqu'à la base du limbe.
D. Superbus L.

22 | Ecailles du calice herbacées, presque égales, brusquement contractées en arête molle, aussi longue que l'écaille ; feuilles vertes molles ; pétales incisés jusqu'au milieu. 23
Ecailles calicinales égales, lancéolées, pâles et marginées aux bords ; feuilles étroites, un peu roides et falquées ; pétales moins incisés. 26

23 | Ecailles calicinales atteignant le milieu du tube du calice ; feuilles étroites et aiguës.. 24
Ecailles calicinales contractées en une arête atteignant le sommet du tube du calice, arête plus longue que l'écaille ; feuilles plus larges et obtuses.
D. Monspessulanus. Variété Marsicus T.-L.

24 | Corolle grande, velue et maculée à la gorge. 25
Corolle plus petite, glabre, non maculée à la gorge.
D. Monspessulanus. Variété Waldesteinii Stern.

25 | Corolle purpurine, tachée irrégulièrement à la gorge ; tige rameuse à sommet multiflore. . . . . ·. . . **D. Monspessulanus** L.
Corolle blanche irrégulièrement tachée de violet noir ; tige ascendante uniflore
D. Monspessulanus. Variété Albidus T. L.

26 | Ecailles calicinales ovales, brusquement contractées en une arête scarieuse, courte, égalant le quart du calice ; tiges conformes, uniflores.
D. Fallens T.-L.
Ecailles calicinales, lancéolées, atténuées en une arête jaune et scarieuse aux bords, verte sur le dos, égalant la moitié du tube du calice ; tiges, les unes simples, biflores, les autres rameuses dès la base.
D. Warionii Bucq. et T.-L.

MONOGRAPHIE DES DIANTHUS

DES PYRÉNÉES FRANÇAISES

DIANTHUS (Linné) Gen. 565

Fleurs entourées d'écailles et de bractées à leur base.

Calice tubuleux, cylindrique ou ovale, dépourvu de nervures commissurales, à 5 dents.

Corolle à pétales onguiculés, dépourvus de coronule; onglets linéaires ou cunéiformes, munis le plus souvent, même en dessus, de deux bandelettes longitudinales.

Etamines, 10. **Styles** 2, dépassant le tube du calice, rarement inclus.

Capsule sans cloisons, ovale ou cylindrique, à valves en nombre double de celui des styles.

Graines scutiformes, apiculées, chagrinées et portant l'ombilic au centre des faces; embryon rectiligne, parallèle à l'ombilic.

SECTION I. TUNICA (Scopoli)

1re *Sous-Section.* — **Tunica** (Scop, Carn. 1, pag. 300)

Calice pentagonal, membraneux sur les commissures; pétales insensiblement atténués en onglet, non convergents à la gorge ; plante grêle, à tiges ascendantes filiformes.

Cette section et la suivante, les Kohlrauschia, ont été élevées au rang du genre, d'abord sous le nom de **Tunica** par Scopoli (fl. carn. 1, pag. 300); plus tard Kunth (fl. berol. 1, page 108) sépara les Tunica en deux groupes : les **Tunica** et les **Kohlrauschia**. Ces deux genres sont maintenant adoptés par quelques botanistes, notamment par MM. Willk. et Lange (Prod. fl. hisp. V. 3, pag. 675).

Il est bien évident que le genre **Tunica** se sépare des vrais **Dianthus** par des caractères et un facies très différents. Nous sommes d'avis que ces deux sections constituent deux genres faciles à distinguer à première vue; il n'en est peut être pas ainsi pour les **Kohlrauschia** qui ressemblent plus aux **Dianthus** dont ils ne diffèrent réellement que par un facies spécial et par la capsule, qui se fend latéralement tout du long par le développement du pistil.

Quoiqu'il en soit de cette question de genre, que nous ne voulons pas approfondir ici, nous nous bornerons à dire que nous n'avons pas vu dans les Pyrénées-Orientales, le **Dianthus Saxifragus** (L.), quoiqu'ilysoit indiqué par Lapeyrouse, dans les Hautes-Pyrénées par M. l'Abbé Dulac; par Bentham et par Grenier et Godron dans les Pyrénées, sans désignation toutefois de localité précise.

Pour nous, nous ne l'avons jamais rencontré; tandis que nous avons vu très souvent les Kohlrauschia, dont nous allons parler, ne les séparant pas des vrais Dianthus.

2ᵉ Sous-Section. — **Kohlrauschia** (Kunth fl. berol I, pag. 108)

Calice à 5 angles membraneux sur les commissures, 15 nervures. Capsule fendue latéralement à la maturité; plusieurs fleurs enveloppées par les écailles du calice larges, scarieuses; pétales brusquement contractés en onglets convergents à la gorge.

1 Dianthus prolifer L. Sp. 587

Lap. hist. abr. pyr. p. 241. — Gren. et God. fl. fr. 1. p. 229. — Zett. pl. r. pyr. p. 41. — Dulac fl. h. pyr. p. 261. — Willk. et Lange prod. fl. hisp. 3, pl, 675. (planche 1)

Racine faible, annuelle, émettant des tiges simples ou rameuses, dressées, glabres, 2 à 3 décim., arrondies à la base, un peu anguleuses au sommet; rameaux nombreux filiformes, un peu étalés, terminés par un capitule; feuilles glauques, linéaires, finement serrulées aux bords, les caulinaires plus aigues mais plus larges à la base et soudées en une gaine plus large que longue; fleurs en capitule compacte, sessiles, réunies en un faisceau serré au centre des écailles calicinales; celles-ci, au nombre de 4, sont appliquées, ovales, obtuses, mutiques, contigues, scarieuses, non striées et enveloppant les fleurs serrées longitudinalement; calice vert sur les angles, blanc et glabre sur les faces, se fendant longitudinalement par le développement du pistil, bordé au sommet par des dents courtes, obtuses et membraneuses; pétales dépassant peu le calice, roses, obovales, obtus, non contigus, très entiers, plus courts que l'onglet; capsules elliptiques, atténuées aux deux bouts, se fendant latéralement; graines finement chagrinees, non tuberculeuses.

Fleurit de juin en septembre; terrains siliceux calcaires; habite les lieux secs et sablonneux de toutes les parties de la chaîne; à Bagnères de Luchon, à Cazaril, à Barcugnas, à Tarbes, à Vic, à Bigorre, à Perpignan, à Prades, à Tuchan dans les Corbières, etc.

b. Var. Gracilis de Mart. fl. Tarn pag. 99.

Tige rameuse dès la base, à rameaux très grêles, très allongés; fleurs à pétales échancrés, obscurèment bifides.

Mêmes lieux que le type.

Ce n'est qu'une variété locale des lieux sablonneux qui n'a pas d'importance; de Martrins, qui nous l'avait donnée il y à longtemps, était du même avis que nous et s'est borné à l'indiquer sans la décrire.

2 Dianthus Velutinus Guss. fl. rar. p. 136 tab. 32.

Gren. et God. fl. fr. 1 p. 229. — Willk. et Lange prod. fl. hisp. vol. 3, p. 676. D. Diminutus L. sp. (planche 2)

Racine pivotante rameuse, émettant une tige simple, pubescente ou glanduleuse, ou de 3 à 4, étalées dès la base, non rameuses, droites, arrondies, finement striées de 1 à 2 décim. terminées par un faisceau de fleurs; feuilles glabres mais quelquefois légèrement ciliées aux bords, aigues, les caulinaires un peu velues sur les nœuds, les supérieures scarieuses jusqu'à moitié et fines subulées au sommet, formant comme une arête filiforme; fleurs de 4 à 5, pédonculées et agrégées, entourées de larges bractées scarieuses, ovales, arrondies acutiuscules, les deux extérieures aigues, quelquefois mucronées, concaves égalant le tube du calice; calice velu à 5 angles, un peu denticulés, membraneux, scarieux; pétales bifides, glabres à la gorge, limbes obovales, profondément émarginés, roses avec trois lignes plus foncées; onglet égalant le calice; étamines et style ne dépassant pas le tube du calice; capsule glabre, anguleuse; graines subpyriformes, tuberculeuses, noires et scabres.

Fleurit en Juin et Août.

Habite les Pyrénées-Orientales et les Corbières; cette plante nouvelle paraît rare, ce n'est que depuis quelques années quelle a été signalée en France, nous l'avons vue à Narbonne, au Pech de l'Agnel où elle a été découverte par M. Cauvet; Nous l'avons revue depuis dans les Corbières, souvent avec le D. Prolifer, au col d'Estrem au Tauch vers Paderm, à Félines vers Termes, à Pierre Pertuse, à Sougraigne (Gautier), Perpignan (Warion et Debeaux).

SECTION 2 ARMERIASTRUM Ser. in. d. C. 1 p. 355

Fleurs fasciculées en capitule bi-trichotome, bractées nombreuses, longues; pétales dentés ou incisés.

3 Dianthus barbatus, L. Sp. 386.

Lap. hist. pyr. f. 240 — de Cand. fl. f. 4. pag. 739 — Gren. et God. fl. f. 1 p. 230 — Willk. et Lange prod. fl. hisp. 3 p. 677.

icon. Rechb. 5013. Planche 3,

Souche brune vivace, rameuse, émettant plusieurs tiges ascendantes, lisses, un peu rudes à la base, simples, rarement rameuses au sommet; feuilles larges, lancéolées, acuminées, molles, un peu atténuées à la base, munies de nervures marginales, un peu rudes sur les bords; les caulinaires de même forme, soudées à la base en une gaine aussi large que longue; fleurs terminales et rapprochées en capitule compacte, formant une trichotomie régulière, entourées à la base de plusieurs feuilles bractéiformes, glabres, lancéolées, acuminées, égalant ou dépassant les fleurs écailles calicinales, ovales, contractées en une longue arête subulée qui dépasse le calice, membraneuses aux bords; calice cylindrique, striée, à dents étroites, très acuminées; pétales obovales à limbe plus court que l'onglet, rose plus ou moins vif; ponctuées de points plus vifs; capsule oblongue, atténuée aux deux extrémités; graines finement striées.

Fleurit en Juillet et en Août.

Habite toute la chaîne centrale dans la région Alpine inférieure, Bagnères de Luchon, Goulon, Esquierry, Val du Lys, Hospice, Massif d'Arbas (H.-G.) Massif du Laurenti (Ariège).

Port de Plan, Lhéris, Labassère, Estiba de Luz (Dulac) Hautes-Pyrénées.

OBSERVATIONS — Cette plante varie très peu dans les Pyrénées, sauf la taille qui est plus ou moins élevée et les fleurs plus ou moins foncées, rarement blanches.

4 Dianthus Armeria L. Sp. 586

Lap. hist. pyr. f. 240 — de Cand. fl. fr. 1. 4, p. 731 — Gren. et God. fl fr. 1, p. 230 — Willk. et Lange prod. fl. hisp. 2 p. 376.
Icon. Rechb. 5011. Planche 4.

Souche nulle, racine simple ou un peu rameuse; tige simple ou rameuse dès le milieu, de 2 à 3 décim., raide, plus ou moins velue; feuilles radicales linéaires, lancéolées, faibles, écartées, obtuses, plusieurs détruites à la floraison, dressées, hérissées, munies de nervures latérales, faibles, écartées, soudées à la base en une gaine aussi longue que large; fleurs agrégées ou sommet en capitule dense résultant d'une trichotomie à branches latérales inégales, très courtement pédonculées, entourées de feuilles bractéiformes, herbacées, subulées, atteignant le sommet du capitule; écailles calicinales lancéolées, atténuées en une longue arête subulée, striée, herbacée et dépassant le tube du calice; calice cylindrique atténué au sommet, strié, velu, hérissé à dents étroites, fines, subulées; pétales petits, purpurins, souvent maculés de blanc, elliptiques non contigus, velus à la gorge, entiers, mais quelquefois dentés au sommet; capsule cylindrique; graines petites, noires, luisantes, tuberculeuses.

Fleurit en Juillet et Août.

Habite les lieux arides et les bois secs dans la partie basse de la chaîne et du bassin sous-pyrénéen, Toulouse, Muret, St-Gaudens, Villefranche, Bagnères de Luchon, les Corbières, Narbonne, Tuchan, etc. et les Pyrénées Orientales, Prades, Mont-Louis, Rennes-les-Bains (Aude) (Gautier.)

5 Dianthus Carthusianorum L. Sp. 586.

Lap. hist. pyr. p. 740 — de Cand. 4, p. 231 — Gren. et God. fl. fr. 1, p. 735. — Willk. et Lang. prod. fl. hisp. vol 3. p. 677.
Icon. Rechb. 5019. Planche 5.

Souche vivace, rameuse, roussâtre, ligneuse, a rameaux de 1 à 5 décim. courts produisant des rejets stériles, courts et dressés et des tiges florifères, tétragones à angles obtus, simples, lisses dans le haut, un peu rudes vers le milieu; feuilles linéaires, aigues, à nervures peu visibles, un peu rudes aux bords, les caulinaires appliquées, longues, soudées en une gaine bien plus longue que large; fleurs sessiles agrégées en capitule, épanouissant successivement l'une après l'autre, de manière à n'avoir qu'une ou deux fleurs épanouies à la fois, roses vif un peu moins colorées à la gorge, piquetées de rouge; capitule entouré à sa base par des feuilles bractéiformes, ovales, insensiblement acuminées, atteignant le sommet; écailles calicinales, jaunes, obovales, brusquement acuminées en une arête fine, aussi longue que le tube du calice; calice cylindrique jaune purpurin, strié, à dents lancéolées, aigues ciliolées;

pétales cunéiformes, irrégulièrement et finement dentés, contigus aux bords, limbe égalant l'onglet, très velu à la gorge ; capsule cylindrique; graines inégales, ovales, noires, finement chagrinées, sans tubercules.

Fleurit en Juillet et Août. Fleurs odorantes, rose vif, pointillées de points plus foncés. Habite tout le bassin sous-pyrénéen, sur les côteaux secs et les bois, St-Martory, Boussens, Salies.

Manque dans la région alpine inférieure où il est remplacé par le suivant.

6 Dianthus Vaginatus Vill. 1 p. 330 et 3 p. 594.

Verl. cat. pl. Dauph. p. 50 — D. Ferrugineus Pourr. inéd. — D. Atrorubens Loisel. herb. non all. Benth. cat. p. 74. D. Carthusianorum Congestus Gren. et God. fl. fr. 1 p. 232 — D. Congestus Bor. fl. cent. ed. 2 p. 90. D. Carthusianorum D. Lap. hist. pyr. supp. p. 58. Planche 6.

Souche vivace, brunâtre, ligneuse, un peu rameuse, produisant des rejets stériles nombreux, dressés et des tiges florifères vert-glauques, obscurément tétragones, simples, un peu rudes vers le haut; feuilles vert-glauques, linéaires, larges un peu hispidules aux bords, les caulinaires larges, appliquées, soudées à la base en une gaine plus longue que large ; fleurs roses purpurin foncé, sessiles et agglomérées au sommet de la tige en un capitule compacte, globuleux et court, épanouissant ses fleurs plusieurs à la fois, 4 à 5 ; capitules entourés de feuilles bractéiformes, ovales, brusquement contractées vers le milieu en une pointe acuminée, atteignant à peine le sommet du capitule; écailles calicinales brunes, pourpres, foncées, ovales, brusquement contractées en une arête égalant la moitié de l'écaille striée ; calice cylindrique pourpre foncé strié, à dents lancéolées, aigues, ciliées; pétales roses, pourpre foncé avec des points encore plus foncés, à limbe plus court que l'onglet, finement dentés ; onglet atténué du haut en bas ; capsule cylindrique ; graines ovales, noires peu chagrinées en dessus.

Fleurit de Juin en Septembre.

Habite toute la région alpine inférieure des Pyrénées, sur les pelouses et les prairies des montagnes ; elle est très commune dans les Pyrénées-Orientales, à Molitg, le Vernet, Mont-Louis, tout le Capsir, Rouze, Querigut, Mascaras dans le Massif du Laurenti (Ariège), à Labassère, à Lourdes (Hautes-Pyrénées) dans les Pyrénées centrales à Bagnères de Luchon, Astos d'Oo, Esquierry, Poujastou (Lezat), etc.

Cette plante est très voisine du *Dianthus Carthusianorum* dont plusieurs botanistes ont cherché de la distinguer; Pourret le premier en 1780, le nomma *Dianthus Ferrugineus*, rapportant, a tort, cette plante au *Dianthus Ferrugineus* de Linné qui est exclus, à bon droit, de la flore française; peu de temps après, Villar lui donna avec Chaix le nom de *Dianthus Vaginatus* et ce nom fut ensuite appliqué tantôt à l'une ou à l'autre des deux espèces jusqu'à ce que Gren. et God. proposèrent d'en faire deux variétés et plus tard Boreau fit du Vaginatus son D. Congestus B.—lc.

Le D. Carthusianorum L. diffère du D. Vaginatus Vill. 1° par sa souche moins forte, moins compacte, donnant des tiges moins nombreuses, 4 à 5, ascendantes, terminées par des capitules plus lâches, plus grands, épanouissant leurs fleurs une à une ou deux par jour; les fleurs sont rose vif, à limbe très étalé, à calice jaune brunâtre au sommet 2° par ses feuilles raides, jaunâtres ainsi que toute la plante qui habite les côteaux secs de toute la France.

Tandis que le D. Vaginatus V. a sa souche plus ligneuse, plus compacte, donnant un grand nombre de tiges ascendantes 15 à 25, terminées par des capitules plus courts, plus compactes, épanouissant leurs fleurs plusieurs à la fois, 4 à 6 ; les fleurs sont roses pâles un peu striées à la gorge, à limbe dressé; calice entièrement pourpre noir foncé; feuilles molles assez larges, glauques, vert foncé ainsi que toute la plante qui habite, au contraire, les pelouses, les prairies humides et même arrosées, des vallées de nos hautes montagnes pyrénéennes.

SECTION 3. CARYOPHYLLUM End. Gen. 971

Calice non anguleux, couvert sur toute sa longueur de nervures rapprochées: pétales brusquement contractés en onglet linéaire, convergent à la gorge; tiges uni biflores ou en panicule.

1 Sous-Section Macrolépides Willk. et Lang, Lc.

Ecailles du calice égalant la moitié du tube du calice, larges et longues, atténuées en une arête longue, et nerviée presque sur toute leur longueur.

§ A Fleurs maculées ou pointillées de pourpre à la gorge.

7 Dianthus Seguieri Chaix in. Vill. dauph. 1 p. 320, et 3, p. 594 – Gren. et God. fl. fr. 1, p. 232 - Willk. et Lange prod. fl. hisp. 3, p. 679.

D. Carthusianorum β longifolius, Seg. ver. 18. fig. 2.

Icon. Reichb. 5024. Planche 7.

Souche forte, vivace, rameuse, à divisions courtes émettant des rejets stériles, longs, dressés, grêles et des tiges florifères de 3 à 4 décim., couchées, ascendantes, grêles, rudes au sommet, anguleuses, gazonnantes à la base; feuilles molles, linéaires, atténuées à partir du milieu en pointe aigue, un peu rudes sur les bords par de petits poils très courts, avec des nervures faibles, rapprochées, les caulinaires faibles, étalées de même forme; fleurs solitaires ou géminées, rapprochées au sommet des tiges; écailles calicinales ovales, rétrécies en une arête allongée, herbacée, étalée, dressée, atteignant la moitié du tube et quelquefois plus; calice court, strié, atténué au sommet, vert jaunâtre foncé, dents longues, étroites, très aigues; pétales contigus à limbe arrondi, aussi large que long, très denté, à dents aigues, gorge de la corolle poilue et maculée de tâches purpurines très vif; capsule cylindrique; graines grosses, ovales, chagrinées.

Plante glabre, d'un beau vert, gazonnante; tiges longues, couchées. Habite les Hautes-Alpes et les Pyrénées-Orientales : Prats de Mollo, La Preste. etc.

B Var. Geminiflorus Lois. Gall. 1, p. 305. Planche 8.

Cette variété diffère du type, 1° par ses tiges dressées, non cœspiteuse, de 5 à 6 déc. dressées, rudes et rameuses au sommet; 2° par ses pédoncules longs, dressés, géminés, en panicule étalée 3° par les écailles du calice plus fortement nerviées, raides, appliquées, toutes égales, atteignant et dépassant même la moitié du tube du calice, 4° par ses pétales un peu plus grands, d'un rose vif.

Ces différents caractères donnent à cette plante un port et un facies différent, mais nous avons vu dans nos échanges certains échantillons du D. Seguieri, qui sont des intermédiaires entre la variété et le type qui dès lors n'a pas des caractères suffisants pour constituer une espèce, comme Loiseleur l'avait indiqué ; ce sont les échantillons d'Italie et du Piémont qui nous ont offert ces caractères intermédiaires qui doivent venir surtout de l'habitat particulier de cette plante. St-Pé en Béarn (Loret

8 Dianthus Sylvaticus Hopp. in. Sturm. deutsch. fl. heft.

Gren. et God. fl. fr. 1, p. 233. - Lamot. fl. pl. cent fr. p. 136.

D. Seguieri Bor. fl. cent. ed. 2, p. 90 — Timb.-Lagr. Bull. soc. sc. phys. et nat. vol. 1, p. 450 – D. Seguieri Rechb. icon. Planche 9.

Souche vivace, grêle, émettant des tiges de 3 à 4 déc. grêles, faibles, anguleuses, à rejets stériles faibles, filiformes, couchés; feuilles molles, larges, lancéolees, acuminées, à trois nervures, les laterales peu prononcées finement serrulées, molles, peu scabres aux bords, soudées à la base, en une gaine aussi longue que large ; fleurs géminées ou ternées à pédoncules courts, fleurissant toutes à la fois, sauf la troisieme qui est plus tardive, munies à leur base de feuilles bractéolées, ovales, lancéolées, plus ou moins longues (*) ; écailles calicinales, ovales, contractées en une pointe courte, dressée, appliquée, égalant le tiers du tube non ciliées et colorées en pourpre brun, ainsi que le calice qui est aussi coloré et strié, surtout au sommet, dents lancéolées courtes; petales à limbe oblong, denté tout autour, contigus, dents aigues, inégales, atténuées en onglet, égalant le limbe; corolle tachée à la gorge par des points plus vifs, ou par des tâches transversales plus foncées; capsule cylindrique; graines fines et chagrinées.

Fleurit en Août et Septembre.

Habitat : Cette plante qu'on avait exclue de la flore des Pyrénées présente deux variétés qu'à décrit avec soin M. Lamotte. La plante que nous venons de

(*)

M. Martial-Lamotte a observé comme nous, que la dernière paire de feuilles contigues au calice éprouve quelquefois une demi-transformation, en écailles également terminées en pointe; cette modification tout à fait accidentelle, ne doit pas servir de caractère spécifique, il n'y a dans tous les Dianthus que la forme des écailles internes ou supérieures, qui soient constantes.

décrire et que nous avons trouvée dans le Massif d'Arbas, à Paloumère, appartient à la variété   que M. Boreau et nous-mêmes, d'après lui, avions réunie au D. Seguieri, Chaix, comme l'avaient fait aussi les anciens auteurs.

Mais il est évident que notre espece doit être réunie en variété ou forme, au D. Sylvaticus Hopp dont elle est tres voisine.

9 Dianthus Deltoïdes L. sp 588

Lap. hist. abr. pyr., pag. 241 — de Cand. fl. fr. 4, p. 744 — Gren. et God. fl. Icon. Rechb. 1040. Planche 10.

Souche vivace, à divisions couchées, radicantes, émettant des jets stériles allongés, à feuilles elliptiques appliquées et des tiges couchées, ascendantes, grêles, rameuses des le milieu; rameaux unitlores; feuilles molles, planes, obtuses, pubescentes aux bords et sur la nervure dorsale, 3 nervures, les latérales non marginales faibles; feuilles caulinaires de même forme, mais plus allongées; fleurs solitaires formant ensemble une panicule dichotome, à paires un peu écartees; écailles calicinales interieures, larges, coriaces, un peu herbacées, un peu membraneuses aux bords, atteignant à peine le milieu du tube du calice, appliquées, lancéolées, atténuées en une arête subulée, aussi longue que la base de l'écaille; calice étroit, cylindrique, strié, pubescent, à dents longuement acuminees, subulées; pétales non contigus, à limbe elliptique, denté au sommet, velu à la gorge, avec une tache plus foncee, limbe plus court que l onglet; capsules elliptiques, atténuées aux deux bouts; graines, purpurins, non contigus.

Plante de 1 à 3 décim. d'un vert pâle, légèrement pubescente; tiges nombreuses, stériles et florifères, étalées, ascendantes, formant des gazons lâches, fleurs petites à pétales petits, purpurins, non contigus.

Fleurit de Juillet en Septembre.

Habite les pelouses, les prairies dans toute la chaîne, où elle est très répandue.

B Dianthus Deltoïdes Var *Glaucus*, Gren. et God. fl. fr. vol. 1, p.

237 — D. Glaucus L. sp. 567. Tunica ramosior, flore candido cum corolla purpurea Delh. elth. 400, t. 298, f. 348.

Icon. Rech. 3211. Planche 11.

Cette variété diffère du type : par sa souche donnant des tiges plus nombreuses, par ses tiges florifères plus courtes, par ses feuilles glauques cendrees; ses fleurs blanches, à pétales plus larges contigus, à limbe pourpre vif à la gorge de la corolle.

Le D. **Glaucus** ressemble du reste, beaucoup au type et constitue pour nous, une variété due à un cas de tératologie, du genre chloranthie, comme on l'observe aussi, sans doute, sur le D. Monspessulanus D. Albidus. Nobis.

Cette variété est très rare dans les Pyrénées; nous l'avons vue en montant à l'Entecade près de Bagnères de Luchon, à Matemale en Capsir et dans les prairies du Pla de Beret, (Val-d'Aran.)

B *Fleurs non tachées, pétales dentés.*

10 Dianthus Attenuatus Smith. act. soc. lond. 11, p. 301.— Lap. hist. abr. pyr. p. 243.— de Cand. fl. fr. 4, p. 742.— Gren. et God. fl. fr. 1, p. 233. — D. Pyrenaicus, Pourr. mém. acad. Toul. ser. 1, vol. 3, p. 318. Planche 16.

Souche vivace, ligneuse, brune, rameuse, à divisions courtes, couchées, émettant des jets stériles, greles, courts, dressés et terminés par une rosette de feuilles atténuées aux deux bouts, et des tiges florifères, de 2 à 3 décim. ascendantes, arrondies, rudes, et bi-flores au sommet; feuilles plus ou moins rudes, étroites, lancéolees, atténuees aux 2 bouts, subulees, courbees en gouttière, rudes aux bords, trinervées, les 2 laterales marginales; fleurs geminées, ou quelquefois plus nombreuses; écailles calicinales, lancéolées, attenuees, aigues, pâles scarieuses sur les bords, vertes ou pales sur l arete, égaiant la moitie du tube du calice; calice allongé, conique, finement strié au sommet; dents très longues, linéaires, aigues; pétales roses, non contigus, à limbe oblong, etroit, beaucoup plus court que l'onglet, crénelés, à dents inégales, gorge glabre, concolores; capsule grêle, cylindrique; graines grandes, allongées, legèrement chagrinees.

Fleurit en Juillet et Août, fleurs roses pâles. Habite les Pyrénées-Orientales, dans la partie elevee: Mont Louis. Olette, Matemale en Capsir, aux rochers de Caruby, Vallee de Galba. (Companyo)

Dianthus Catalonicus Pourret ined. in herb Salvador. D. Attenuatus Catalonicus Willk. et Laug. pro. fl. hisp. 3, p. 622. Planche 17.

Diffère du D. Attenuatus : 1° par sa souche plus forte, à divisions courtes, un peu ligneuses, émettant des tiges steriles, aussi très courtes, compactes, avec des feuilles moins nombreuses et plus longues, 2° par ses tiges florifères, longues de 2 à 4 decim. ascendantes, uniflor s ou bi flores, 3° par ses feuilles plus longues, plus fines, plus rudes, piquantes, glauques, celles de la tige appliquees, 4° par les écailles du calice, glauques, non vertes, les interieures mucrônées, 5° par le tube du calice plus allonge, plus atténué dès la base, 6° par ses dents fines, 7° par ses pétales plus grands, a dents plus profondes, laciniées, 8° par son port, son facies et son habitat.

H te l mei sur les rochers maritimes à Perpignan, à Canet, à Argelès, à Coll oure, à Banyuls, à la Massane, etc.

Pourret en 1780 avait distingué ces deux plantes; il nommait la première D. **Pyrenaicus** et la seconde D. **Catalonicus**, tandis que sous le nom de D. **Attenuatus** Smith. reunissait ces deux variétés; pour notre part, nous avons adopté l'opinion emises par les auteurs de la flore d'Espagne. mais nous sommes convaincus qu'elles constituent deux espèces distinctes.

11 Dianthus Pungens L. mant. 240.

Timb.-Lagr. Bull. soc. bot. fr. tom. XXII, p. 306, non Gren. et God. nec. auctor. D Catalonicus Deb. exsi. soc. Dauph. N· 1116, non Pourret id. N· 1516, exc. syn. Planche 14.

Racine très grosse, pivotante, rameuse, formant une grosse souche, émettant un très grand nombre de rejets florifères et non florifères, suffrutescents, alternativement rameux, les stériles courts avec des feuilles étalees, courtes, raides et piquantes qui donnent de leur aisselle des tiges florifères raides, cassantes, qui forment une espèce de dichotomie indéfinie. très caractéristique; feuilles de la base très nombreuses, linéaires et obovales, raides, acuminées, piquantes, les caulinaires appliquées de même forme, soudées en une gaine aussi large que longue; fleurs roses pâles, petites; écailles calicinales pâles, scarieuses, émarginées, un peu atténuées, lancéolées, légèrement contractées au milieu en arête courte, légèrement striée, vert pâle, non appliquée; calice glauque, légèrement strié, un peu attenué au sommet, à dents aigues, scarieuses aux bords; pétales roses pâles, non contigus (quelquefois cependant on voit des pétales les uns sur les autres) ovales, arrondis, un peu dentés, plus courts que l'onglet; étamines à filets blancs, ainsi que les anthères; styles filiformes, plus courts que la corolle, capsule conique, un peu ombiliquée; graines rousses, luisantes.

Fleurit Juillet et Août.

Habite les bords immédiats de la Méditerranée à la Sidrière et la Corrège de Fitou, a la plage de Canet, à Perpignan (Debeaux) il forme des touffes immenses qui ont jusqu'à 1 mètre de circonférence; chaque individu peut donner des centaines d'échantillons comme celui figuré.

Dans un précédent travail nous avions cherché à réunir le D. Pungens au le D. Hispanicus, l'étude de la plante que nous venons de décrire nous à fait revenir sur cette erreur. La plupart de ceux qui ont parlé du D. **Pungens** (L.) ont, avec Pourret donné ce nom au D. **Virgineus** (L.) parce qu'il à les feuilles aigues, raides et ses pétales très entiers; d'autres, notamment Grenier et Godron, prenant pour base la souche suffrutescente, ont donné le nom de D. **Pungens** à une autre espèce pyrénéenne et ont eu le tort de lui donner pour synonyme le D. **Furcatus** Balb. plante des Alpes et de Savoie, bien différente de l'espèce des Pyrénées.

Nous espérons que le D. Pungens mieux connue aujourd'hui ne sera plus une espèce douteuse dans nos flores.

12 Dianthus Subulatus Nob.

D. Asper β Serratus. Ser. in. dc. prod. 1, p. 357. d. c. fl. fr. supp. 681 D. Pungens, Gren. et God. fl. fr. 1, p. 23 — Lap. hist. abr. pyr. p. 242 — Costa fl. cutan. p. 36 — Wilk. et Lange prod. fl. hisp. 3, p. 682. Planche 15.

Souche grosse comme le doigt, couchée, longue de 1 à 2 décim. ligneuse, suffrutescente dure, émettant de ses extrémités des rejets stériles assez longs, à merithalles espacés; feuilles étroites subulees, un peu piquantes, et à tiges florifères. couchées ascendantes, rudes en bas, et formant un gazon assez épais, unibiflores; feuilles rudes, glaucescentes, atténuées, en pointe subulee, subpiquantes, les caulinaires longues soudées en une gaine plus longue que large, fleurs roses pâles; écailles calicinales presque toutes égales, brusquement contractées, en une arête courte mais aigue, glaucescente, scarieuse aux bords; calice cylindrique, strié, non atténué au sommet ; dents lancéolées, longues scarieuses; pétales non contigus, obovales, cunéiformes, inégalement dentes,à dents courtes; styles dépassant les pétales, capsule cylindrique à dents obtuses; graines roussâtres.

Fleurit de Juin en Août.

Habite les Pyrénées-Orientales, Perpignan, Prades, Ria, le Vernet, la Trancade, Fond de Comps, Molitg.

Cette plante, considérée par Grenier et Godron, comme étant le D. **Pungens** de Linné, s'en sépare très nettement par plusieurs caractères, notamment par sa souche moins forte, non pivotante, par ses tiges pauciflores et par ses fleurs bien plus grandes, ainsi que par le port et le facies.

13 Dianthus Requienii Gren. et God. fl. fr. 1, p. 234. — Timbal-Lagrave mem. acad. Toul. ser. 6, vol. 5, p. 240. — et Bull. soc. bot. fr. tom. XI, p. 142. Costa fl. cat. supp. p. 12. — Willk. et Lang. prod. fl. hisp. v. 3, p. 682. — D. Alpinus, Lapey. hist. fl. pyr., p. 243. Planche 12.

Souche à divisions greles, souvent longues, souterraines, couchées, étalées donnant des tiges florifères dressées de 1 à 2 décim. *uniflores*; feuilles linéaires *étroites*, planes non subulées, ni raides ni piquantes, un peu repliées au sommet, d'un vert glauque hispidules, celles de la tige soudees en une gaine aussi longue que large; écailles calicinales égalant le tiers du tube du calice ; les extérieures ovales, lancéolées, étalées au sommet, non appliquées ; les intérieures ovales, contractées en une arête herbacée, aussi longue que l'ecaille, appliquée; calice strié, à dents scarieuses aux bords, peu atténué au sommet, vert glauque; pétales étalés, à limbe obovale, régulièrement denté, glabre, deux fois plus court que l'onglet; étamines à filets blancs, ainsi que les styles exsertes; capsule cylindrique.

Fleurit de Juillet à fin Août.

Habite les Pyrénées-Orientales, Prats de Mollo, la Preste, Costabona, Las Abeillas (Penchinat)

14 Dianthus Cognobilis Timb.-Lagr. Bull. soc. bot. de fr. tom. XI, pag. 143 et mém. acad. de Toulouse, sér. 6, vol 5, p. 241. D. **Requienii** β Cognobilis Willk. et Lang. prod. fl. hisp. vol. 3, p. 682. Planche 13.

Souche vivace à divisions épaisses, un peu suffrutescentes, étalées, compactes, donnant des jets stériles courts et des tiges florifères de 1 à 2 décim. dressées *biflores*; feuilles linéaires *larges* et *courtes*, planes à nervures saillantes, striées, un peu rudes aux bords, brusquement terminées en pointe raide mais non piquante; fleurs *géminées*, petites; écailles calicinales, toutes appliquées, égalant le quart du calice, égales, ovales, brusquement contractées en une arête plus *courte* que l'écaille, *jaune scarieuses non herbacées*; calice un peu atténué au sommet, jaune pâle, à dents scarieuses ; pétales étalés, non contigus, à limbe obové tronqué et non arrondi au sommet, denté en scie, dents inégales, peu profondes, limbe trois fois plus court que l'onglet, ce dernier est blanc, un peu plus large au sommet ; anthères allongées, filets des étamines blanc rosé ; ovaire retreci au sommet, plus étroit que les styles, saillants hors de la gorge de la corolle.

Fleurit de Juillet à fin Août.

Habite les Pyrénées centrales, de Venasque à Castanèze, Malibierne, Castanèze.

Comme nous en avait prévenu notre ami Grenier, les auteurs de la flore de France avaient confondu le D. Cognobilis avec le Requienii des Pyren'es Orieutal s d'où étaient venus les échantillons types de Requien, qui les avait récoltes à Prats-de-Mollo.

Comme nous l'avons déjà dit, le Dianthus Cognobilis diffère dn D. Requienii Gren. et God., 1° par sa souche bien plus forte, presque suffrutescente, ses tiges moins élevées, le plus souvent bi-flores, raides ; 2° par les écailles calicinales a peu près conformes, brusquement contractées en pointe plus courte, scarieuse, non herbacée ; 3° par le tube du calice un peu atténué au sommet ; 4° par le limbe des pétales , obovale, tronqué, inégalement denté en scie, trois fois plus court que l'onglet ; 5° par ses feuilles plus courtes, plus larges, plus raides ; 6° par sa station plus Alpine.

Tous ce⌐ caractères nous paraissent avoir assez d'importance et de fixité pour séparer ces deux plantes, réunies par les auteurs de la flore de France, parce qu'ils ne les avaient pas vues vivantes ; il en est de même des savants auteurs du prodrome de la flore espagnole, qui cependant séparent le D. Cognobilis du Requieni, à titre de variété.

15 Dianthus Benearnensis Loret. Bull. soc. bot. de France, tom. 5, p. 327. Planche 18.

Souche cœspiteuse, émettant des tiges stériles, glabres, ascendantes, à feuilles courtes, aigues, un peu striées en dessous et des tiges florifères de 2 à 3 décim., un peu flexueuses, 2 à 4 fleurs géminées, à pédoncules longs, à feuilles vertes, rudes aux bords, striées en dessous, assez larges, courtes, soudées à la base en une gaine aussi large que longue ; écailles calicinales, presque égales, appliquées, égalant à peu près le moitié du tube du calice, atténuées en arête très courte, scarieuses aux bords et pâles non herbacées ; calice large à la base, atténué au sommet ; pétales obovales atténués en onglet trois fois plus long que le limbe, dentés à dents trifides, velus à la gorge ; capsule cylindrique ne dépassant pas le calice.

Plante de 2 à 3 décim.. fleurs petites, d'un rose violacé, formant un gazon vert foncé, peu serré.

Habitat : cette plante rapportée de Galas (Basses-Pyrénées) par Monsieur M. Loret, a été trouvée depuis par nous, aux Eaux chaudes et en allant au pic du Midi d'Ossau on la trouvera certainement dans d'autres localites de cette région, quand cette espèce sera mieux connue.

16 Dianthus Aragonensis Timb.-Lagr. mém. acad. Toul., sér. 6, vol. 5, p. 236. Planche 19.

Souche souterraine peu cœspiteuse, un peu traçante, donnant des tiges stériles courtes, avec des feuilles vertes, étalées et des tiges florifères ayant 2 à 3 décim., vertes avec des nœuds saillants, à pédoncules longs, dressés, bi-flores; feuilles d'un vert gai, molles un peu pubescentes, atténuées en pointe faible et soudées en une gaine un peu 'plus longue que large; écailles calicinales, atténuées en une arête *assez longue, herbacée* atteignant et même dépassant *la moitié* du tube du calice, un peu étalées au sommet; pétales rose vif, à onglet dépassant le calice et formant par ses adhésions un tube qui dépasse le calice, limbe 3 fois plus court que l'onglet , ovale, arrondi, denté, dents régulières, en lanières droites, obtusiuscules ou repliées au sommet; étamines saillantes, hors de la gorge de la corolle; capsule cylindrique dépassant le tube du calice.

Habite les Pyrénées centrales, près la ville de Venasque allant à Castanèze, où il a été retrouvé il y a peu de temps par M. le Dr Bras, nous l avons vu aussi dans la vallée de la Nogrera Palareza, en Espagne; M. Bordère, qui a fait dans les Hautes-Pyrénées de si nombreuses et de si importantes recherches, a récolté cette même plante au port de Boucharo; nous l'avons vue aussi à Panticosa en Aragon.

Nous avions autrefois rapproché le D. **Aragonensis** du D. **Requinii** et **Fallens**, mais ayant revu ces plantes vivantes, nous avons du modifier nos premières observations et reconnaître que c'est avec le D. **Benearnensis** que notre plante a les plus grands rapports.

Le D. Benearnensis diffère de l'Aragonensis; 1° par sa taille plus petite, ses tiges à 4 et 6 fleurs; 2° par ses pédoncules plus courts, ses écailles calicinales plus courtes, terminées par une arête peu sensibles, glauques, scarieuses aux bords, non herbacees, n'égalant pas le tiers du tube du calice, appliquées; 3° par ses pétales à limbe obovale, tronqué, denté à dents trifides; 4° par l'onglet ne dépassant pas le tube du calice; 5° par la capsule ne dépassant pas le tube du calice.

Le D. Aragonensis se distingue de tous les autres dianthus 1° par la forme de sa corolle dont les onglets dépassent le tube du calice et sont soudés jusqu'au limbe qui est contigu, 2° par la capsule qui est manifestement plus longue que le calice.

MM. Willk. et Lang. prod. fl. hisp. vol. 4, p, 684, disent qu'ils ne connaissent pas cette plante et MM. Loscos et Pardo série imperfecta ne citent que le D. Prolifer, il est probable que cette plante mieux connue, se trouvera en Aragon, comme nous l'avons dit. M. Bordères l'a déjà trouvée à Boucharo.

§ C *Fleurs à pétales émarginés ou entiers.*

17 Dianthus Insignitus T.Lag.mém. acad. Toul. sér. 6, vol. 5, p. 236. ull. soc. bot. fr. v. 11, p. 143. — D. Pungens β Insignitus, Willk. et Lang. rod. fl. hisp. vol. 3, p. 682. Planche 20.

Souche⁻ non suffrutescente, traçante, émettant des tiges nombreuses, toutes florifères, courtes de 10 à 15 cent. dressées, uniflores; feuilles courtes, assez larges, à nervures dorsales saillantes, les marginales peu marquées, striées en dessous, raides atténuées en pointe aigue dès le milieu, un peu rudes aux bords, d'un vert glauque; les caulinaires courtes, appliquées et soudées en une gaine aussi longue que large; écailles calicinales ovales, brusquement contractées en une arête cuspidée, striées un peu scarieuses aux bords, atteignant le tiers du calice; ce dernier cylindrique, non atténué au sommet, strié, à dents scarieuses, mucronees, ciliolées aux bords, pétales entiers, orbiculaires, contigus; limbe contracté et terminé par des onglets larges allant en décroissant jusqu'à leur base, verdâtres au sommet, 2 à 3 fois p.us longs que le limbe; corolle glabre à la gorge; etamines à filets bl ncs grêles· anthères ovales, purpurines; capsule oblongue.

Fleur rose mat. Fleurit en Juillet et Août.

Habite au col de Racilée près Castanèze avec le D. Cognobilis Timb.-Lag.

Nous avions primitivement rapproché notre D. Insignitus du D. Pungens Pourret, Mutel, Duby, etc., etc., c'est-à-dire l espèce que nous nommons D. Virgineus L. et que Grenier et Godron ont pris à tort, selon nous, pour le D. Brachy-‘anthus (Boissier).

Nous nous étions appuyés, pour faire ce rapprochement, sur ce que le D. Insignitus avait comme le D. Virgineus, les pétales entiers, mais ayant depuis étudié cette plante avec soin, nous avons vu que d'autres caractères, d'une grande valeur dans le genre, l'en séparaient complètement, tels que la forme du calice, l'absence de tiges stériles, la petitesse des tiges qui sont toujours très basses et les autres caractères dont l'ensemble donne à cette plante un port et un facies qui la distingue à première vue.

§ D *Pétales fimbriés, laciniés.*

18 Dianthus Monspessulanus L. sp. 588 D. Monspelliensis L. syst. 2, p. 336 — D C. fl. fr. 4 p. 745. Lapey. hist. pyr. p. 242. Bentham cat. pyr. p. 75. Gren. et God. fl. fr. 1, p. 241.

Rechb. icon. 6031. Planche 21.

Souche vivace grêle, courte, émettant des jets stériles et florifères, couchés, ascendants, lisses arrondis, formant une panicule rameuse, condensée, dichotome; feuilles linéaires, molles, longuement acuminées, très aigues, un peu rétrécies à la base, planes, un peu rudes aux bords, munies de 3 à 5 nervures, les deux latérales peu visibles; écailles calicinales à peu près égales lancéolées, insensiblement atténuées en une arête *herbacée verte*, striées. appliquées ou un peu étalées, égalant presque la moitié du tube; calice cylindrique allongé, un peu atténué au sommet, finement strié, à dents étroites, acuminées subulées; pétales roses à limbe orbiculaire, velu et maculé à la gorge, fendu et fimbrié en lanières étroites qui égalent la moitié du limbe; anthères linéaires oblongues, styles blancs, exsertes; capsule cylindrique; graines ovales, chagrinées.

Habite toutes les Pyrénées dans la région alpine inférieure, d'où il descend très bas ; cette plante offre dans ses diverses stations des variétés notables, dont les principales sont :

1· Monspessulanus L.

Fleurs grandes, très profondèment fimbriées ; écailles calicinales herbacées attei gnant le quart du calice, presque égales ; petales velus à la gorge et maculés , tiges de 3 à 4 décim., couchées ascendantes, rameuses au sommet en panicule dichotome ; pédoncules ega ant les fleurs ; souches très fortes, emettant plusieurs divisions courtes, formant gazon épais.

Cette forme est la plus robuste, elle vient surtout dans les Pyrénées-Orientales et dans les Corbières de l'Aude.

2· Monspessulanus Variété Albidus Nob.

D. Monspessulanus flore albo umbone viridi piloso. Lap. hist. abr. pyr. p. 242, variété Planche 22.

Fleurs très grandes, profondèment fimbriées ; écailles calicinales jaunâtres, égales, atténuées en arete, plus pâles et atteignant le milieu du tube du calice ; petales blancs avec une grande tâche foncée et velue à la gorge ; tiges stériles nombreuses couchées, longuement nues, les florifères de 3 à 4 decim , couchées, ascendantes, uni-biflores.

Habite le Massif du Laurenti, Paillères, Barbouillères, etc., où il avait eté déjà signalé par Lapeyrouse.

Cette plante est exactement au D. **Monspessulanus** ce qu'est le D. **Glaucus** L. au D. **Deltoïdes**, une variation dûe probablement à un cas tératologique, comme cela arrive dans quelques autres genres comme le Campanula subpyrenaica T.L. dans les Campanulacées et l'Urtica membranacea dans les Urticées (*)

3· Monspessulanus plumosus Koch. D. Waldesteinii, Stern. bot.

Zeit. 1826, bul. 1, p. 172. Koch syn. id. 2, p. 108. D. Monspessulanus Lapey. hist. abr. p. 243. Planche 23.

Cette plante diffère du type, par ses fleurs roses, plus petites, ses écailles calicinales égalant le tiers du calice, ses pétales *glabres, non tachés à la gorge*, plus petits, plus finement striés ; par ses tiges florifères de 1 à 2 décim. uni-biflores, pédoncules courts, uniflores

La forme exigue de cette espèce est le D. Alpestris, Sternb. ap. Spreng. syst. 2, p. 381, le D. Monspessulanus Alpicola Koch. syn, ed. 2, p. 108, à tiges courtes de 5 à 10 cent. uniflores, que Lapeyrouse a pris à tort pour le D. Alpinus L.

4· Monspessulanus variété Marsicus Nob.

D. Marsicus Ten. sylog. 808. Planche 24.

Cette variété élevée au rang d'espèce par Tenore, a été considérée, par Grenier et Godron comme un simple synonyme du D. **Monspessulanus** L.; il nous semble que cette forme, purement accidentelle il est vrai, mérite cependant une

(*) Hypertrophie du calice, dans la Campanula subpyrenaica (Timb.-Lag.) fasciation des rameaux floraux dans l'Uurtica membranacea (Poir.)

mention spéciale et peut constituer une variété comme les précédents, dans tous les cas, elle se distingue par les écailles calicinales herbacées et atténuées en une arête très longue dépassant le calice, par ses feuilles toujours plus larges, plus obtuses, soudées en une gaine plus longue que large; par ses tiges florifères, épaisses et raides, dressées, enfin par ses pédoncules uniflores, rarement bi-flores. Cette variété se présente dans toutes les pyrénées où se trouve le dianthus Monspessulanus et ses variétés, elle semble affecter, selon les cas, le D. **Monspessulanus** type ou le D, **Waldesteinii**, dont on le distingue facilement à la longueur exagérée des écailles calicinales.

Dans les Pyrénées centrales nous avons vu la variété à grandes fleurs, semblable au D. Marsicus Ten. distribué des Abruzes par MM. Porta et Rigo sous le numéro 69, tandis que dans les Pyrénées-Orientales, au Canigou, c'est la forme à petites fleurs, semblables au D. **Waldesteinii** que notre ami Gautier à toujours rencontrée, etque l'on rapporte à tort au D. Alpestris Hopp. et Sternb. , qui n'est qu'une forme exigue du D. Waldesteinii, mais il a les écailles calicinales égales et ne dépassant pas le milieu du tube du calice.

19 Dianthus Fallens Timb.-Lagr. Bull. soc. bot. fr. tom. 5, p. 829 et tom. 6, p. 117. Willk. et Lang. prod. fl. hisp. vol. 3, p. 286 — D. Tener. Lapey. hist. py. p. 240, non Balb. Planche 25.

Souche formée par une racine pivotante, d'où poussent plusieurs tiges souterraines qui vont dans tous les sens, et donnent des jets stériles assez longs, à feuilles étalées et des tiges florifères grisâtres de 2 à 4 décim. dressées, uni-biflores ; feuilles fermes, assez larges, brusquement atténuées au sommet, un peu creusées en gouttière et un peu arquées, striées en dessous; écailles calicinales, inégales, les extérieures membraneuses aux bords, appliquées, ovales, contractées en une arête égalant l'écaille; les intérieures un peu plus atténuées en une arête assez longue verdâtre, atteignant à peine le milieu du tube du calice; celui-ci assez allongé, à peine atténué au sommet; pétales à limbe obovale ou elliptique, fimbrié en lanières courtes et régulières, n'atteignant pas le milieu du limbe, onglet quatre fois plus long que le limbe; capsule étroite, longue, incluse, cylindrique.

Fleurit en Juillet et Août.

Habite les pyrénées centrales, il a été trouvé d'abord à Penna blanca, à Venasque, allant à Sarlé, au col de Moudan, après Aragnouet vallée d'Aure; nous l'avons aussi récolté entre Alos et Isil, vallée de la Nogrera, province de Lérida, en Catalogne.

Le D. Fallens a de grands rapports avec le **Dianthus Monspessulanus**, M. Bentham qui a pu le voir en allant à Venasque, car il est sur la route, a pu confondre ces deux espèces, mais si on l'observe attentivement et sans parti pris on verra que le **Dianthus Monspessulanus** var. **Waldesteinii** qui est la forme la plus rapprochée, diffère du **Fallens** par ses fleurs plus grandes, plus vives; par les écailles du calice presque égales, toutes à arête plus longue, verte et herbacée, moins brusquement contractee en arête, égalant la moitié du tube du calice; par le calice plus court et plus large; par ses pétales du double plus grands, à limbe égalant presque l'onglet, ovale cunéiforme, lacinié jusqu'au milieu par des lanières profondes, enfin par des tiges plus basses, à souches plus fortes, multicaules.

Dianthus Warionii, Bucquoy et Timbal-Lagrave.

D. Catalonico+Monspessulanus B. et T.-L. Planche 26.

Le Dianthus Warionii a été découvert dans les Pyrénées-Orientales, parmi les D. **Catalonicus** et D. **Monspessulanus** par notre ami regretté, le Dr Warion, dans une herborisation dans la vallée de Lavail, dans les Albères. Il en soupçonna le premier l'hybridité.

Ce dianthus, en effet, emprunte au D. **Monspessulanus** : sa souche cœspiteuse étalee; ses feuilles vertes, longues et molles, étalées; ses pétales à limbe à dents profondes et frangées; d'un autre côte, le D. **Catalonicus** lui fournit a forme des écailles calicinales, qui sont lancéolées, longuement atténuées au sommet et non contractées comme dans le D. **Monspessulanus** qui leur donne cependant un peu la couleur verte que l'on observe sur leur dos et sur l'arête.

Les tiges de notre hybride sont tres remarquables; sur la même souche et sur ses divisions, on trouve des tiges simples, droites, uni-biflores, comme on l'observe dans le D. **Catalonicus** et d'autres tiges rameuses, comme nous le présente le D. **Monspessulanus**; il y a là évidemment, un peu de chacune de ces plantes.

Pendant la rédaction de notre travail, notre ami M. Loret a signalé (dans le bultin de la Société botanique de France, vol. XXVII, pag. 270) à Thuès, Pyrénées-orientales, une hybride qu'il nomme D. **Attenuato-Monspessulanus** et qui doit avoir une origine semblable à notre hybride. La plante de M. Loret emprunte la plupart de ses caractères au D. **Attenuatus** Smith. (*)

Le D. **Attenuato-Monspessulanus** Loret a, d'après son auteur, presque tous les caractères du D. **Attenuatus**, par son calice atténué, ses feuilles raides, étroites, trinerviées et glauques; tandis que le D. **Monspessulanus** lui apporte tout simplement qu'une modification dans les pétales, qui sont laciniés fimbries, et lui prête sa souche lâche, couchée et radicante, caractères plus manifestes encore dans le D. Warionii.

---

*) M. Loret réunit les D. **Pyreneus** et **Catalonicus** sous le nom du D. **Attenuatus**, la plante de Thuès se rapporte au D. **Pyreneus**, tandis que dans la nôtre, c'est le **Catalonicus** qui est l'un des parents.

Il est évident que ces deux hybrides doivent être séparées et semblent constituer deux formes dont la paternité est différente, dans notre hybride, en suivant la nomenclature de Schœle, la plus simple c'est le D. Catalonicus qui en est le père; tandis que l'hybride de M. Loret a pour père le D. Pyreneus, ce qui est la cause sans doute, des différences notables que présentent ces deux hybrides

Ces hybrides sont très curieuses, elles doivent être signalées, parce que quand on n'est pas prévenu, elles viennent embrouiller la détermination exacte des espèces, il y a très souvent beaucoup plus de caractères différentiels dans les hybrides que dans les véritables types et surtout dans les espèces de certains auteurs.

2ᵉ *Sous-Section* **Brachylepides** Willk. et Lang.

Ecailles calicinales larges, brusquement contractées en une arête courte, munie de nervures très saillantes, ainsi que le dos de l'écaille, fleurs assez grandes.

§ A *Pétales dentés.*

20 Dianthus Caryophyllus L. sp. 587.

de Candolle fl. fr. 4, p. 741 — Lap. hist. ab. pyr. p. 241 Gren. et God. fl. fr. 1, p. 239. — Willk. et Lang. prod. fl. hisp. 3, p. 687. D. Coronarius Lamk. Vill. t. 376, f. 1. Icon. Rech. 5052.

Bill. excic. 726. Planche 27.

Souche ligneuse, longue de 1 décim. émettant de longs rejets stériles nus inférieurement terminés par des feuilles imbriquées, devenant plus tard florifères et alors couchées, ascendantes, un peu anguleuses, épaisses, renflées et genouillées, cassantes aux nœuds, rameuses, pluriflores, rarement uniflores; feuilles vert glauque, linéaires, obtusiuscules, pliées en gouttière, nervure dorsale très saillante, épaisses fermes au sommet plus molles à la base, étalées; les caulinaires bractéiformes appliquées; fleurs rose vif, solitaires au sommet des tiges et des rameaux; écailles calicinales semblables, arrondies et contractées en une arête courte, triangulaire, peu étalée, égalant le quart du tube du calice; celui-ci cylindrique, non atténué au sommet, coriace, glauque, à dents lancéolées aigues, un peu membraneuses aux bords; pétales arrondis, cunéiformes irrégulièrement dentés, contigus aux bords, glabres à la gorge moitié plus courts que l'onglet, capsule cylindrique; graines ovales chagrinées.

Cette plante, peu répandue, a été signalée sur quelques vieux édifices dans les provinces de l'ouest depuis Falaise à Bayonne, Gren. et Godron l. c., nous l'avons vue aussi à Condom, Gers, elle a été signalée aussi dans les Pyrénées-Orientales, mais il est à peu près certain que Lapeyrouse l'a confondue avec le D. Godronianus ou Attenuatus Smith comme l'indique les plantes de son herbier et les localités citées.

Pour notre part nous avons vu le D. Caryophyllus sur les vieilles murailles à Martres Tolosane. sur les vieux remparts et sur les murs de la porte d'entrée de la ville, nous l'avons récolté aussi sur les murs de l'église d'Aulon, sur celle d'Aurignac et enfin sur celle de St-Bertrand de Comminges.

21 Dianthus Godronianus Jord. in, adn. Bill. p. 45.
D. Virgineus, Gren. et God, fl. fr. 1, p. 238, non L. D. Longicaulis Bill. exci. 3533 et bis an Ten ? Planche 28.

Souche vivace, noirâtre, forte, noueuse, émettant des rejets stériles, courts et des tiges fleuries, dressées, plus ou moins raides et cassantes, légèrement anguleuses et même un peu rudes à la base, simples uni-biflores, rameuses et alors les rameaux sont uniflores; feuilles raides, étroites, fines, un peu triquetres, subulées, très aigues, non striees, un peu rudes sur les bords, étalées, aigues, les caulinaires bractéiformes appliquées, non ventrues; fleurs grandes, rose clair, odorantes; écailles calicinales, toutes semblables, ovales, arrondies, coriaces, égalant à peine le quart du tube, contractées brusquement en une arête triangulaire, courte, verdâtre, couleur qui se prolonge un peu sur le dos de l'écaille; calice cylindrique un peu atténué au sommet, surtout sur le bouton, glauque strié, à dents allongées aigues; pétales oblongs, cunéiformes, non contigus, dentés régulièrement, dents aigues, glabres à la gorge, non ciliées, limbe deux fois plus court que les onglets; capsule cylindrique; graines grosses, largement ovales, chagrinées.

Plante de 2 à 5 décim. d'un vert pâle ou glauque, formant un épais gazon dur, à tiges simples, uniflores ou rameuses.

Habite les Pyrénées et toutes les Corbières ou elle est très répandue, elle remonte dans la vallée de l'Orbiel, par Conques, Lastours (Aude); nous l'avons vue aussi à Durban, Tauch, Padern, Alaric, Quillan, St-Paul de Fenouillet, Cases de Pène, Narbonne et tout le Midi; Marseille, Toulon, en Corse etc., nous l'avons vue aussi dans le Gard, dans la Lozère et dans l'Arsac. C'est une plante très répandue en France.

Les continuateurs de l'exciccata Billot ont réuni le D. **Godronianus** avec le D. **Longicaulis** Ten., ce rapprochement a été adopté depuis par quelques auteurs, mais il y a peu de temps M. Lamotte (fl. p. cent. fr. p. 137) a émis des doutes sur cette synonymie, il dit : « le D. **Longicaulis** Ten. me paraît différer du D. **Godronianus** Jord. par ses feuilles plus larges, plus longues, plus molles, par la forme des écailles et la longueur du calice. »

Pour notre part, si nous comparons les échantillons qui nous ont été donnés par Warion du mont Gennaro, états romains, nous ne trouvons aucune différence vraiment spécifique; mais le D. **Longicaulis** Ten. var. **Hirtocaulis** Kerner, publié par Porta et Rigo (itin. 11 Italico N° 380) mériterait une étude attentive que nous ne pouvons pas faire n'ayant pas en main les documents nécessaires.

Variété **Ramosus** Nob. D. **Longicaulis** Bill. exci. N° 3533 bis. Planche 29.

Se distingue par ses fleurs en panicule rameuse, étalées, ses rameaux uniflores, sa taille plus élevee, ses feuilles plus fines, plus raides; plante à étudier.

Habite le mont Alaric par Floure, mon ami Baillet l'a trouvée aussi au Moulin Neuf près Conques (Aude). Billot exciec. la publie sous le N° 3533, le type sous le nom de **Longicaulis** T. et sous le numéro 3533 bis, la variété venant du Vigan (Gard).

§ B *Pétales entiers ou subémarginés.*

22 Dianthus Virgineus L. sp. 590 sér. in D C prod. 4, p. 391.
Gouan. herb. 225 — Jord. adn. Billot, p. 44. Rchb. icon. 5040. — Timb.-Lagr.
mém. soc. sc. phys. et nat. Toul. v. 1 p. 378 D. Pungens Poir. dict. h. p. 526. Dub.
bot. gall. 1, p. 73 — Bent. cat. 75, D. Brachyanthus Gren et God. fl. fr. 1, p. 234,
non Boiss. D. Corbariensis Timb. ad amic — D. Subacaulis Vill. Dauph. D.
Brachyanthus B Ruscinonensis Boissier voy. en Esp. p. 86. Icon. Lois pag. 60
tab. 6, fig. 1. Planche 30. La mark ill tab. 376   fa   2

Souche à divisions grêles, donnant des tiges stériles nombreuses, faibles et des
tiges florifères, grêles, ascendantes, dressées, très cæspiteuses, de 2 à 3 décim.,
uniflores, feuilles linéaires, lancéolées, courtes, vertes ou glauques, fines et pubescentes, les caulinaires soudées en une gaine aussi longue que large; écailles calicinales de deux sortes, les extérieures ovales, lancéolées, atténuées en une arête courte,
striées, non scarieuses aux bords ; les intérieures ovales, arrondies, brusquement
contractées en une arête assez longue, appliquée ou un peu étalée, un peu recourbée
par la pointe en dedans, égalant le tiers du calice ; celui-ci court, ellipsoïde, atténué
au sommet, plus court que le limbe des pétales; pétales de couleur rose mat,
plus pâles en dessous, contigus, un peu émarginés aux bords, ou entiers, un peu
relevés en coupe à l'extrémité du limbe; onglets blancs, un peu plus larges au
sommet; étamines à filets blancs et à anthères blanc-bleuâtres, exertes à la gorge
de la corolle, qui est glabre, striée de raies plus foncées; style blanc, hérissé égalant
presque les pétales à graines jaunes un peu retrécies à la base.

Fleurs un peu variables par leur taille et leur couleur plus ou moins foncée, les
pétales sont toujours   2 fois plus longs que le calice.

Fleurit de Juin en Août.

Habite toutes les Corbières des Pyrénées-Orientales et de l'Aude, depuis les
bords de la Méditerranée jusqu'au sommet des montagnes.

M. Boissier (voyage en Espagne, page 86), considère notre espèce comme variété
de son D. Brachyanthus β ruscinonencis et Grenier et Godron les réunissent au
Brachyanthus en en faisant deux variétés; la première, celle de la Clappe qui serait
le type et la seconde, **Macranthus**, celle des Pyr.-Orient: tel n'est pas notre
avis, nous n'avons qu'une seule espèce qui est pour nous le D. **Virgineus** L.
comme nous avons déjà cherché à l'établir dans notre excursion à St-Paul de
Fenouillet; le D. **Brachyanthus** Boiss. est certainement une espèce différente,
très voisine sans doute, mais qui ne doit pas être réunie à l'espèce de nos Corbières.

Le D. Brachyanthus Boissier se présente en Espagne, comme le D. Virgineus
sous trois formes et se distingue très bien de notre espèce française que nous ne
pouvons lui rapporter; par la souche à divisions toujours plus courtes, émettant des
tiges stériles courtes et des tiges florifères dressées, raides, uni-biflores, très compactes; par ses feuilles courtes, raides, celles des tiges courtes et appliquees;
par les écailles calicinales larges, presque arrondies, brusquement contractées en

arête courte, un peu obtuse, verte et appliquée; par ses pétales 4 fois plus courts que l'onglet, dépassant peu le calice; par ses étamines dressées, égalant le limbe des pétales; par ses styles blancs, dressés, plus longs que les étamines et les pétales.

Le D. Brachyanthus Boiss. présente trois variétés très bien caractérisées par Willk. et Lang. l. c. notamment la V? Nivalis qui correspond à notre D. Subacaulis Vill.. qui loin d'être une espèce, n'est pas même une variété, mais une forme locale que nous avons vue au sommet aride des Corbières, tandis que l'on trouvait le type dans d'autres stations moins élevées.

Nous avons vu quelques fois des touffes entières de D. **Virgineus** à fleurs pâles, u'ayant pas d'etamines, mais deux styles très saillants à stigmates plumeux.

23 Dianthus Brevistylus Timb.-Lagr. et Jeanbernat. Planche 31.

Souche grêle, à divisions nombreuses compactes, émettant des tiges stériles, courtes et des florifères de 1 à 2 décim. dressées, uniflores; feuilles courtes, raides, presque piquantes, atténuées dès la base, hispidules au bord, même un peu rudes, étalées, les caulinaires peu nombreuses 2 à 3 paires, lancéolées, plus larges, soudées en une gaine un peu plus longue que large, un peu hispidules; écailles calicinales larges, ovales, contractées en une arête verte, courte, étalée non appliquée; calice cylindrique large, non atténué au sommet, strié, rougeâtre, à dents obtuses, mucronées; pétales rose très vif, obovales, obscurèment emarginés, étalés applatis, se recouvrant entre eux, à limbe égalant l'onglet; étamines à filets roses exsertes et rabattus sur les pétales; anthères pourpres cramoisies, étalées sur la corolle; styles inégaux, blancs, inclus dans la corolle; ovaire allongé, égalant la moitié de la corolle; capsule cylindrique presque pas atténué au sommet.

Fleurit en Juillet, fleurs grandes, roses, très vif.

Cette plante vient sur l'Alarie, au dessus de Floure et la Coumo de l'aigo et la Saumo, à la base de l'Alarie près Floure, très abondante.

Le D. Brevistylus est très voisin du D. Virgineus des Corbières mais ce dernier se sépare nettement du D. Brevistylus qui habite les mêmes localités par ses tiges florifères, courtes, ascendantes, ses feuilles plus longues, à gaine plus courtes, lisses plus nombreuses; par ses fleurs plus petites, plus pâles, plus régulières; par les écailles du calice à arête plus longue plus atténuée, appliquée; par le calice plus court, atténué au sommet; par les dents aiguës, non mucronées; par les pétales obovales à limbes plus courts que l'onglet; par les étamines ne dépassant pas la gorge de la corolle à filets blancs, à anthères blanc-bleutés; par ses styles [exsertes, bifurqués.

Le D. Brévistylus est très bien caractérisé, il se retrouvera sans doute dans dautres localités des Corbières dès qu'il sera mieux connu.

§ C *Pétales fimbriés.*

24 Dianthus Superbus L. sp.

DC fl. fr. 4, p. 744. Lapey. hist. pyr. p. 242 — Gren. et God. fl. fr. 1, p. 241. Icon. Rechb. 5032. Planche 32.

Souche vivace, forte, gazonnante, émettant des jets stériles, courts, à feuilles longues, étalées et des tiges florifères assez fortes, un peu anguleuses, ascendantes, dressées, rameuses au sommet; feuilles vertes, lancéolees, atténuées à la base, obtusiuscules au sommet; un peu scabres aux bords ; les caulinaires longues et étalées, un peu aigues, fleurs très grandes, odorantes; ecailles du calice très inégales obovales, arrondies, contractées en une courte arête appliquée, égalant à peine le quart du calice; calice étroit, cylindrique et long, strie, à dents lancéolées, aigues; pétales rose tendre, non coutigus, à limbe oblong, fendu tout autour en fimbriures étroites, capillaires qui atteignent plus du milieu du limbe pointillé à la base de points purpurins; capsule cylindrique; graines ovales, chagrinées.

Plante de 4 à 6 décim., tige rameuse au sommet, à rameaux longs, uniflores.

Cette plante habite les bois du bassin sous-pyrénéen : St-Gaudens, Muret Martres; elle vient aussi dans les collines boisées du Lauragais, à Calmon, à Venerque, à Nailloux, (Haute-Garonne.), à Bouysses (Corbières) M. Cros.

Nous l'avons vue aussi dans les pyrénees dans la vallée d'Aspe. Nous ne l'avons pas trouvée à Luchon ni à Prades. Cette espèce est parfaitement distincte de ses congénères.

Dianthus Neglectus Lois. not. 61.

Lapey. hist. abr. pyr. p. 243 — Gren. et God. fl. fr. 1, p. 236. Willk. et Lang. prod. fl. hisp. 3, p. 680. Rechb. Icon. 5034. D. Serratus, Lap. herb. pyr. p. 241. Planche ci-après. (*) Souche vivace,

à divisions couchées, ascendantes, émettant des rosettes de feuilles courtes et des tiges florifères peu elevées, à peine 1 décim. dressées, simples, anguleuses et lisses, uniflores rarement biflores; feuilles étroites planes, aigues, un peu rudes sur les bords à 3 nervures écartees, radicales; les caulinaires de même forme mais plus courtes, un peu plus larges; fleurs petites, purpurines, un peu pâles en dehors, inodores; écailles calicinales très inégales; les extérieures atténuées en une arête linéaire dressées, atténuées egalant le sommet du calice un peu rude aux bords; les intérieures contractées en une arête subulee, fine, moitié plus courte, égalant la moitié du tube du calice; calice court, cylindrique, épais, strié, à dents ovales, membraneuses, violacées aux bords, cuspidées; pétales non contigus, cunéiformes, à limbe finement denté en scie au sommet, égalant l'onglet, un peu velu en dessus; anthères elliptiques, obtuses, exsertes, style peu saillant hors de la gorge; graines orbiculaires très petites, finement chagrinées.

Plante de 1 décim. environ formant un gazon d'un vert gai, dans la région alpine. Cette plante très répandue dans les Hautes et les Basses Alpes, est aussi indiquée au sommet du mont Ventoux avec le D. Subacaulis Vill.; elle paraît très rare dans les pyrénées, ou elle a été indiquée cependant plusieurs fois, par Pourret, au Paillerou d'abord, en 1780 et plus tard, par Lapeyrouse, au Cingles del Comps et au port de Venasque. Ces localités sont probablement douteuses, car depuis les citations de ces auteurs, on n'a pu retrouver ces plantes dans ces diverses localités, pour notre part, lors de la session de la société botanique à Prades, nous avons cherché avec inten-

(*) Notre travail étant en cours de publication, nous avons reçu des échantillons du Dianthus Neglectus (Lois), plante que nous n'avions pu rencontrer jusqu'à ce jour. Nous nous empressons de signaler cette découverte et nous donnons en supplément la description de cet œillet récolté sur le Canigou par notre ami et collaborateur Gautier de Narbonne.

Cette espèce doit se classer à la section Caryophyllum, sous section Macrolépides ; fleurs non tachées; entre le D. Subulatus 12 et le D. Requienii 13.

tion le D. Neglectus, àFond de Comps nous ne l'avons pas vu; nous n'avons pas été plus heureux dans nos recherches à Paillères, et dans le Massif de Laurenti, il en est de même au port de Venasque, ou nous avons vu le D. Marsicus qui a les écailles calicinales aussi longues que le calice, caractère qui appartient aussi au D. Neglectus, avec cette differenco toute fois, que dans le D. Neglectus Lois. les écailles sont inégales, les extérieures seules atteignent les dents du calice, les intérieures la moitié seulement, tandis que dans le Marsicus, qui n'est qu'un accident, toutes les extérieures et les intérieures atteignent les dents du calice.

MM. Willk. et Lang. lc. ont signalé depuis le D. Neglectus Lois. en Catalogne, notamment au col de Nuria, frontière de la Catalogne. Nous devons à l'obligeance de notre ami et collaborateur M. Gautier de très beaux échantillons récoltés sûrement au Canigou (Pyr.-Or.) ce qui nous fait croire que la localité deFonds de Comps pourrait bien être authentique.

LÉGENDE DES PLANCHES

1. Glomérule de fleurs ou plante entière   2. Fleur isolée   3. Pétale   4. Calice   5. Ecailles 6. Ecaille isolée   7. Coupe du calice   8 Coupe de l'ovaire   9. Corolle vue d'en haut 10. Fenille 11. Coupe de la tige   12. Ovaire   13. Dents du calice   14. Fenilles caulinaires 15. Etamines.

DIANTHUS PROLIFER (L.)
2|3 grandeur

Dr BUCQUOY

Pl. II

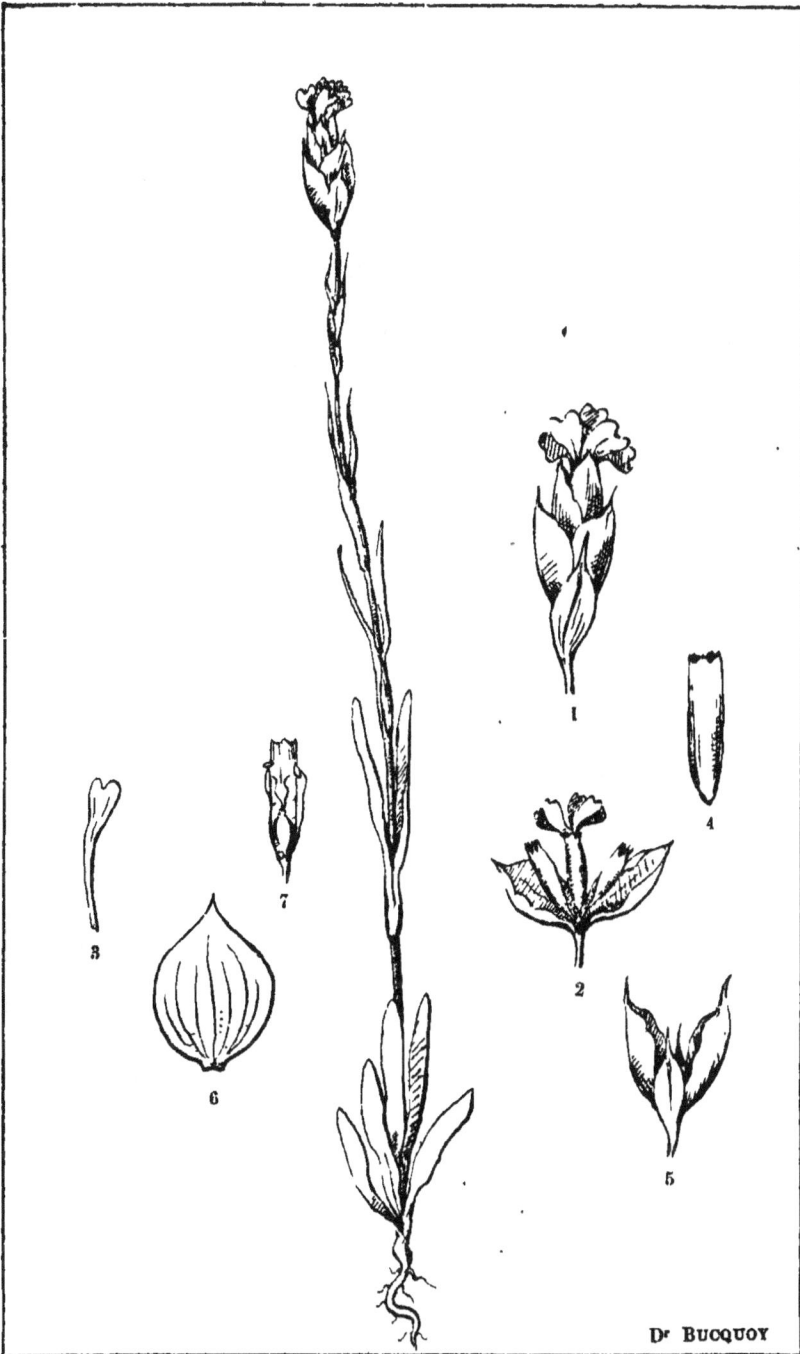

Dr BUCQUOY

DIANTHUS VELUTINUS (Guss.)
grandeur naturelle

Pl. III

Dr BUCQUOY

DIANTHUS BARBATUS (L.)
1|2 grandeur

Pl. IV.

Dr BUCQUOY

DIANTHUS ARMERIA (L.)
1|2 grandeur

Pl. V.

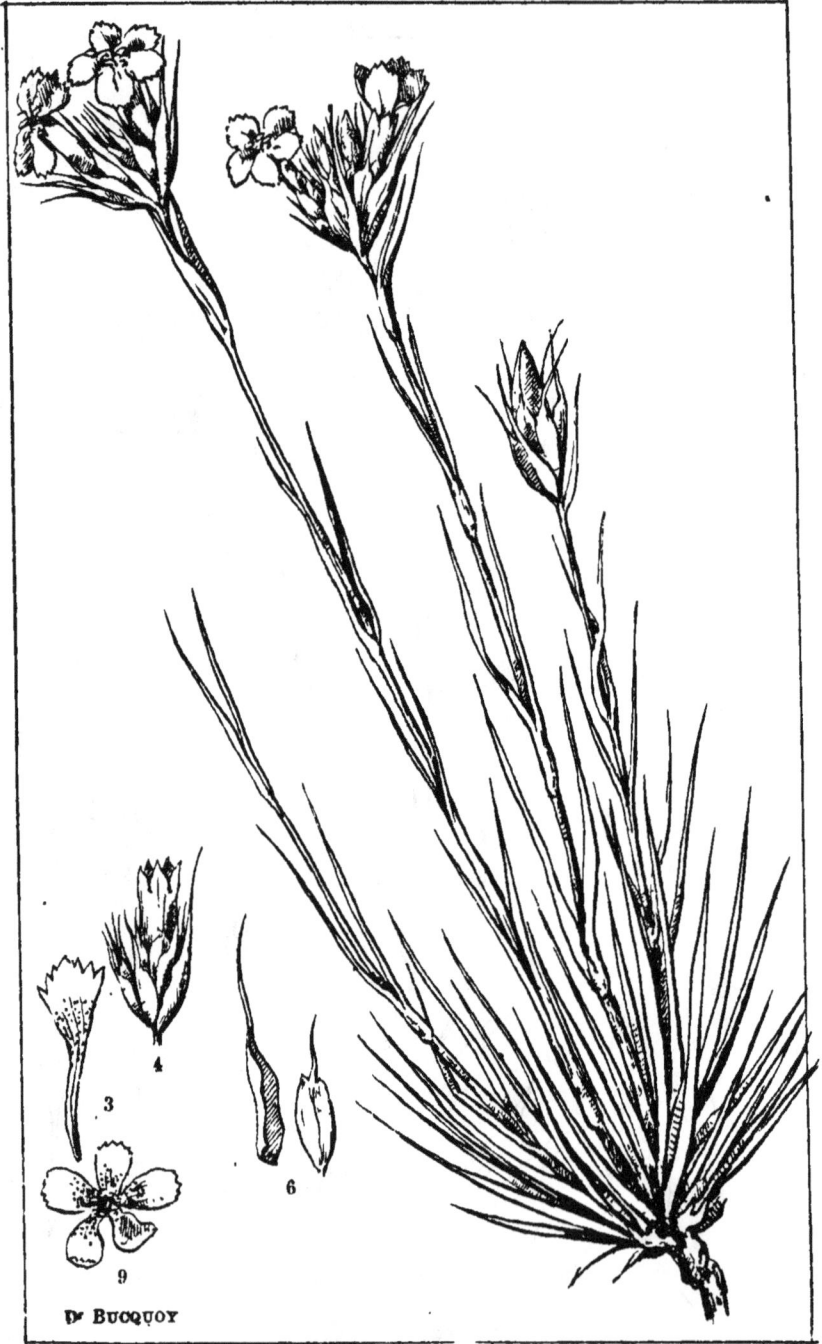

DIANTHUS CARTHUSIANORUM (L.)
1,2 grandeur

Dr BUCQUOY

Pl. VI.

DIANTHUS VAGINATUS (Vill.)
2|3 grandeur

Pl VII.

DIANTHUS SEGUIERI (Chaix)
2|3 grandeur

DIANTHUS GEMINIFLORUS (Lois.)
2|3 grandeur

Dr BUCQUOY

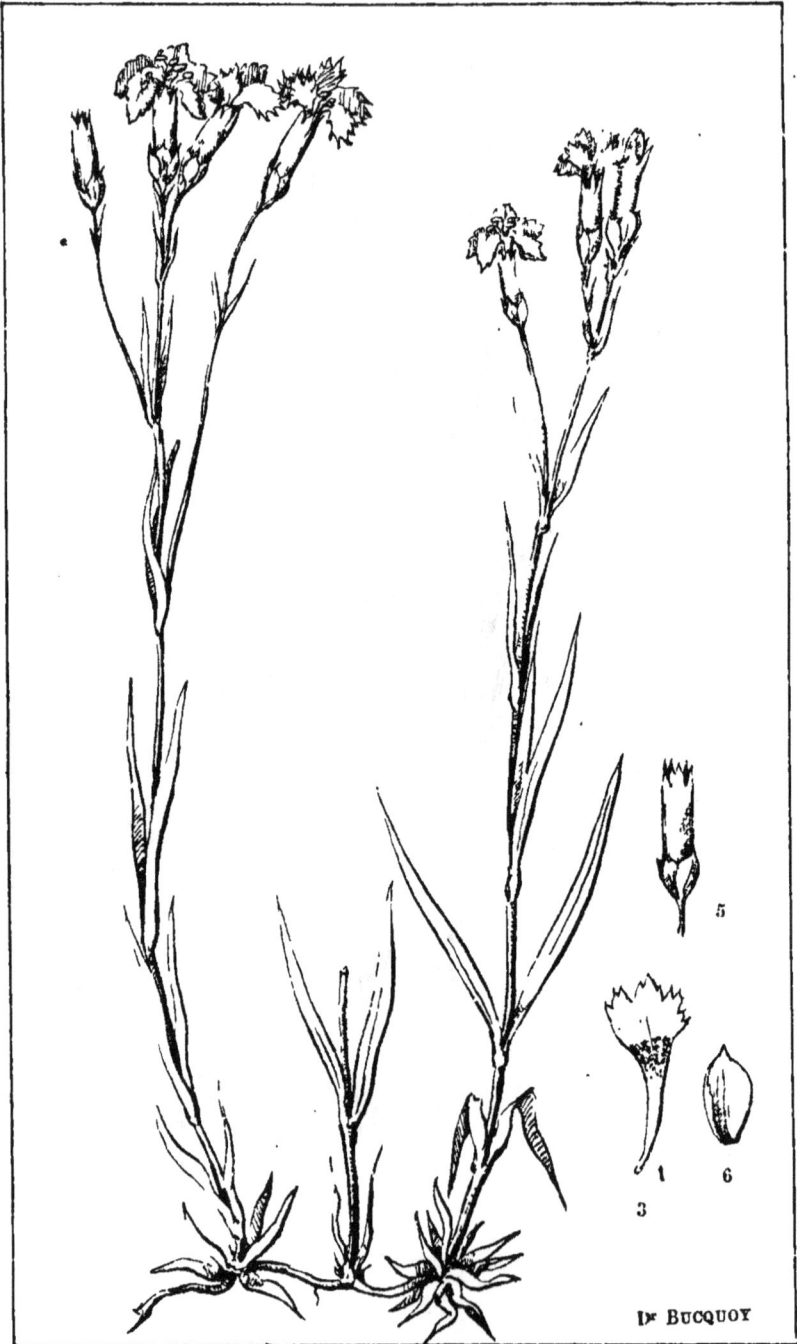

DIANTHUS SYLVATICUS (Hoppe)
2|3 grandeur

Dr BUCQUOY

P１. X.

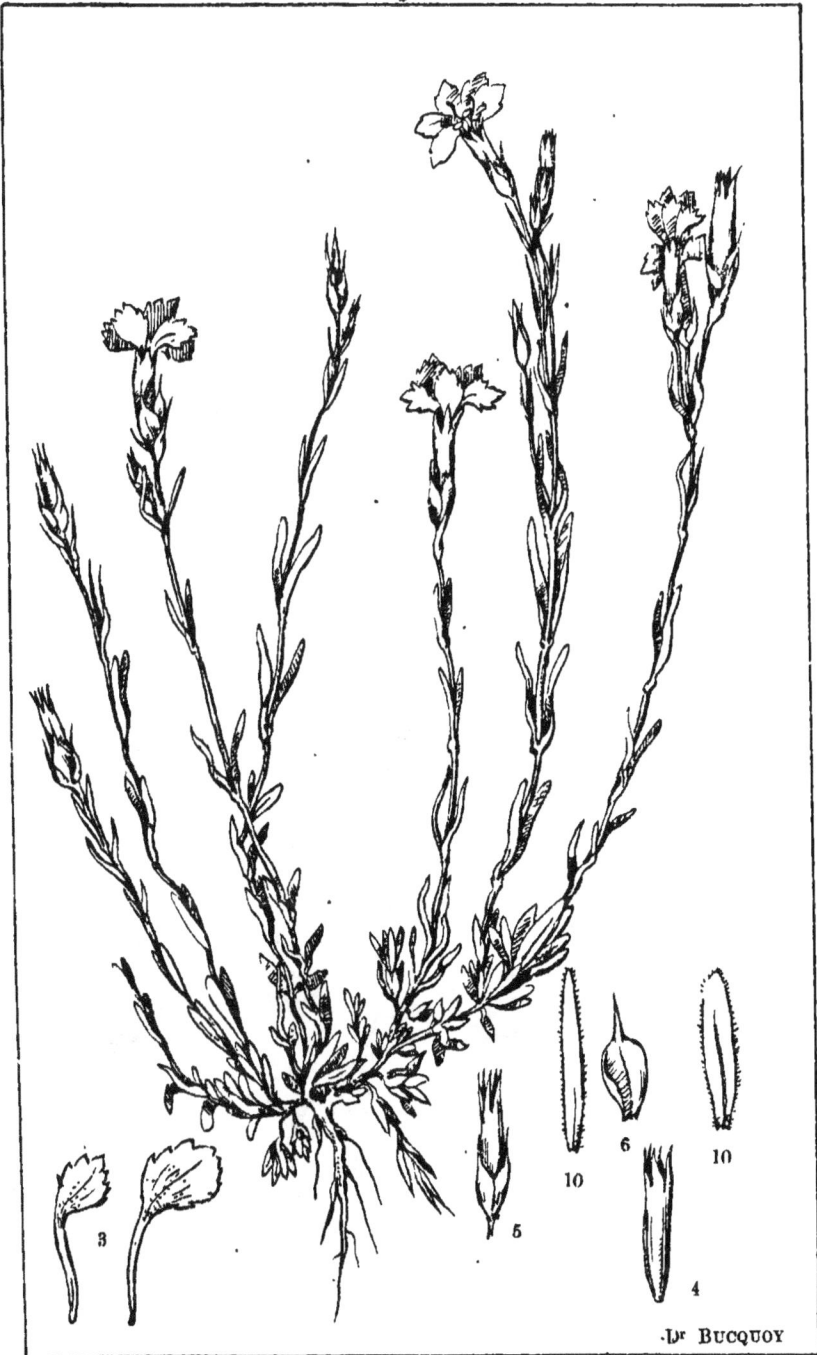

DIANTHUS DELTOIDES (L.)
grandeur naturelle

·Dr BUCQUOY

Pl. XI.

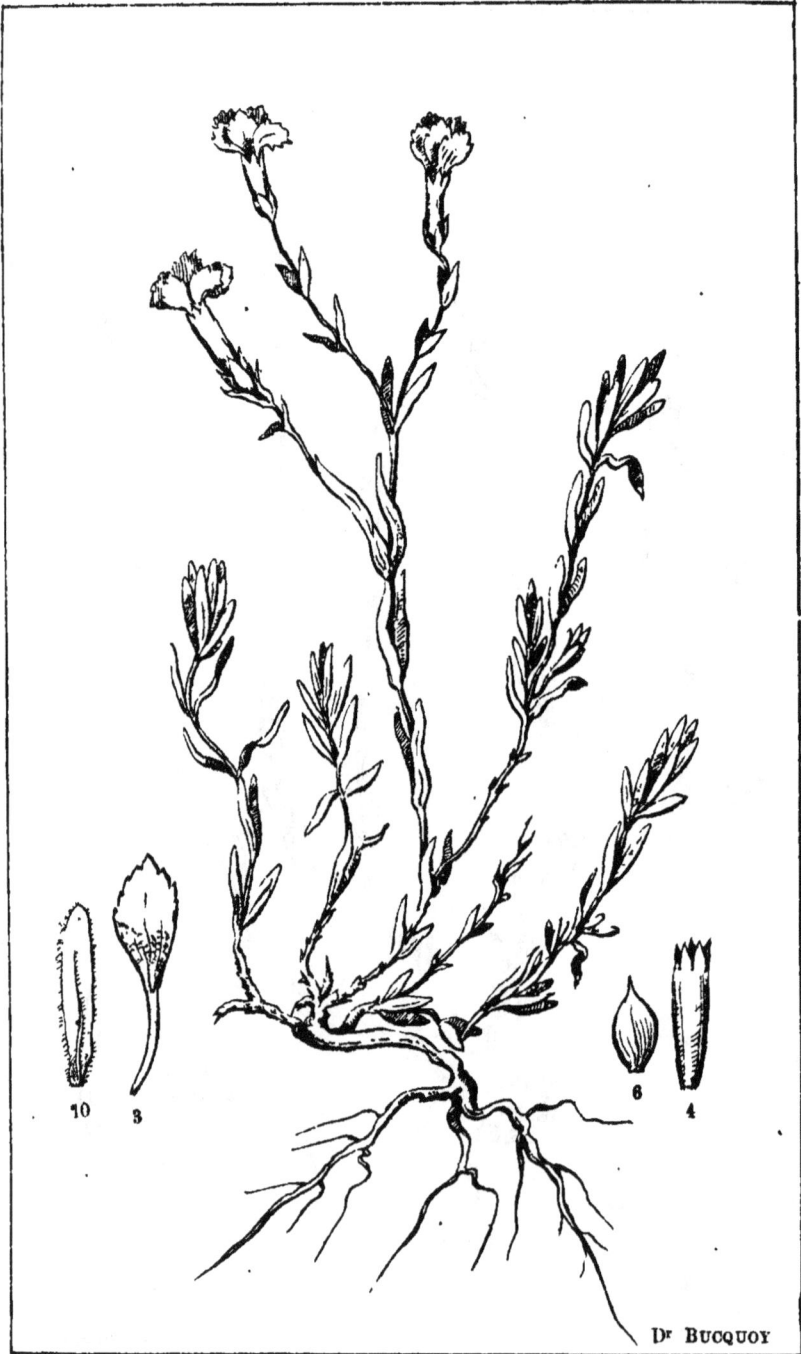

Dr BUCQUOY

DIANTHUS GLAUCUS (L.)
D. — Deltoïdes. Variété Glaucus (Timb.-Lagr.)
grandeur naturelle

Pl XII.

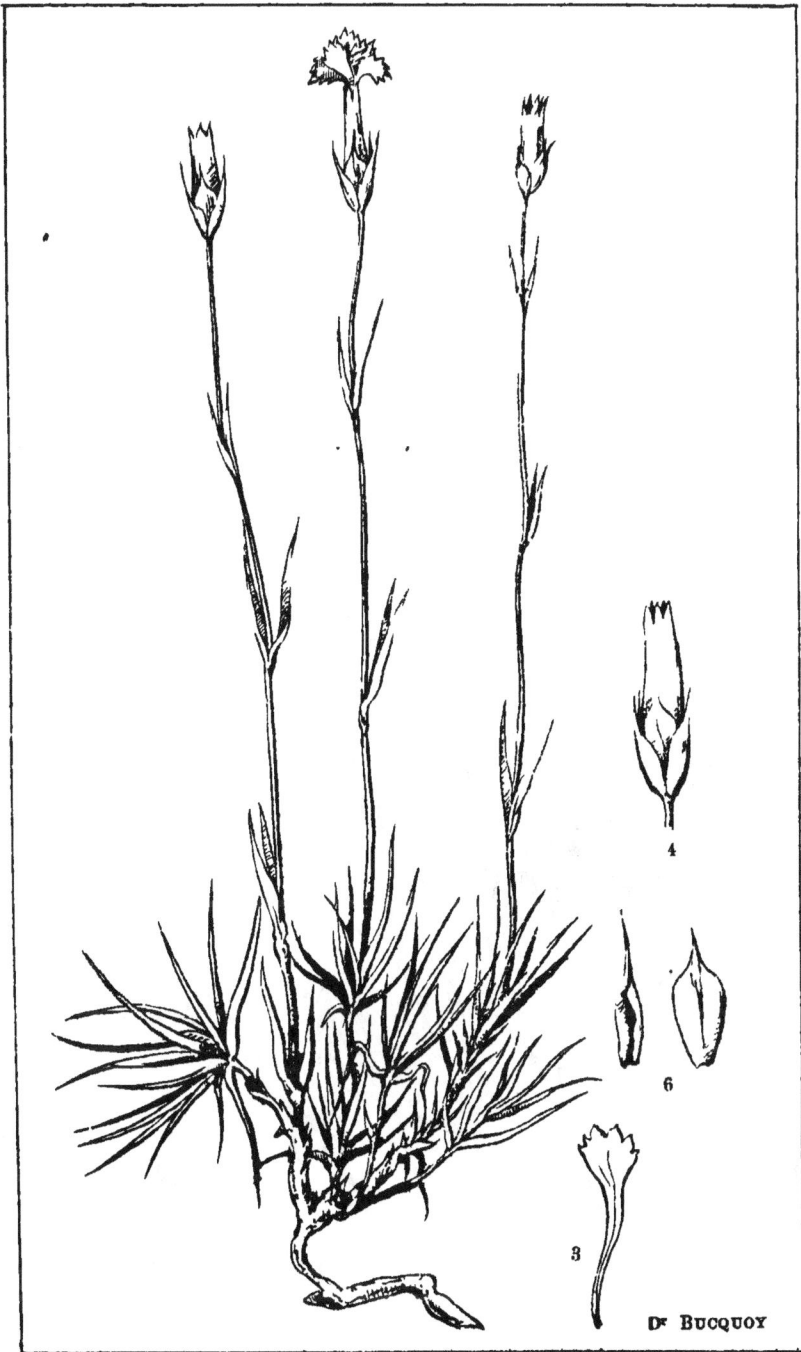

DIANTHUS REQUIENI (Gren. et God)
2|3 grandeur

Pl. XIII.

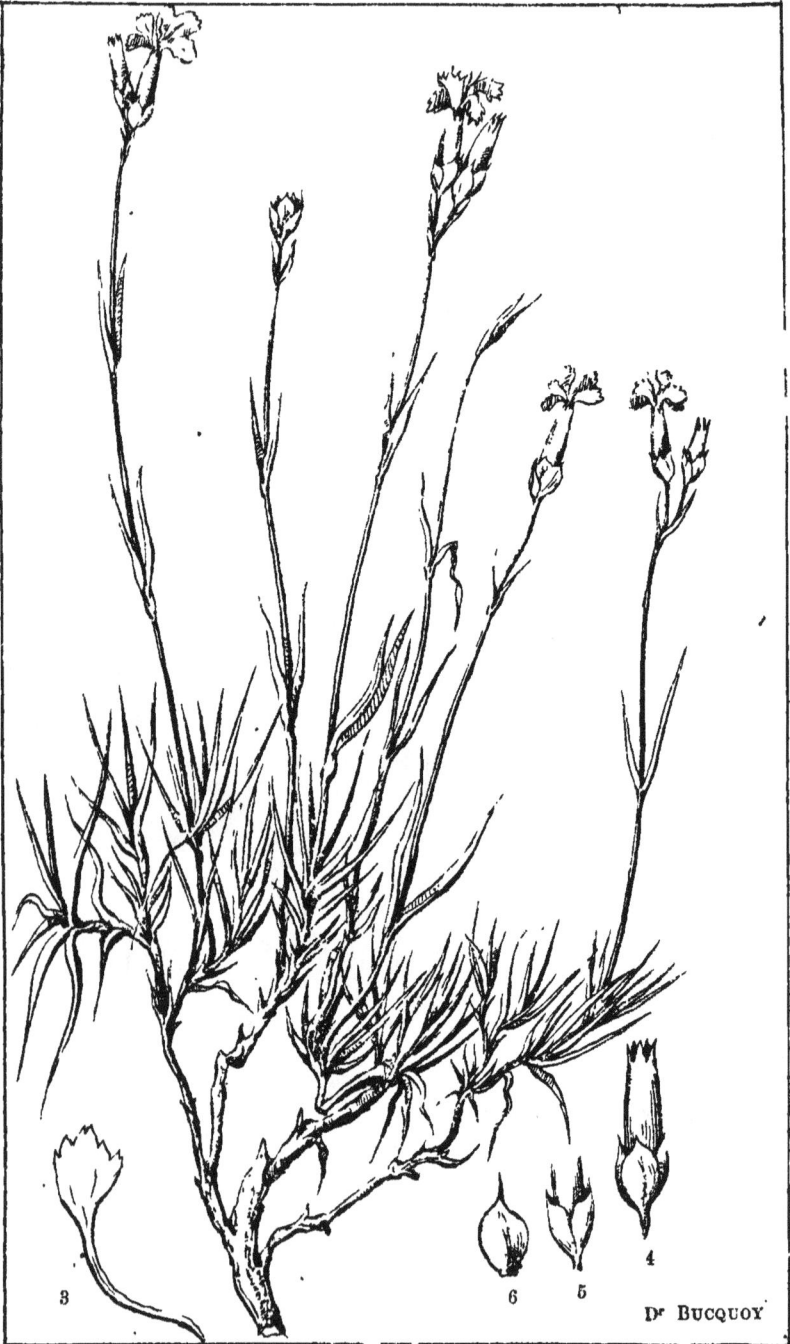

DIANTHUS COGNOBILIS (Timb.-Lagr.)
2⏐3 grandeur

DIANHTUS PUNGENS (L.).
1|2 grandeur

Pl XV.

1ᴾ BUCQUOY

DIANTHUS SUBULATUS (Timb.-Lagr.)

1|2 grandeur

Pl. XVI.

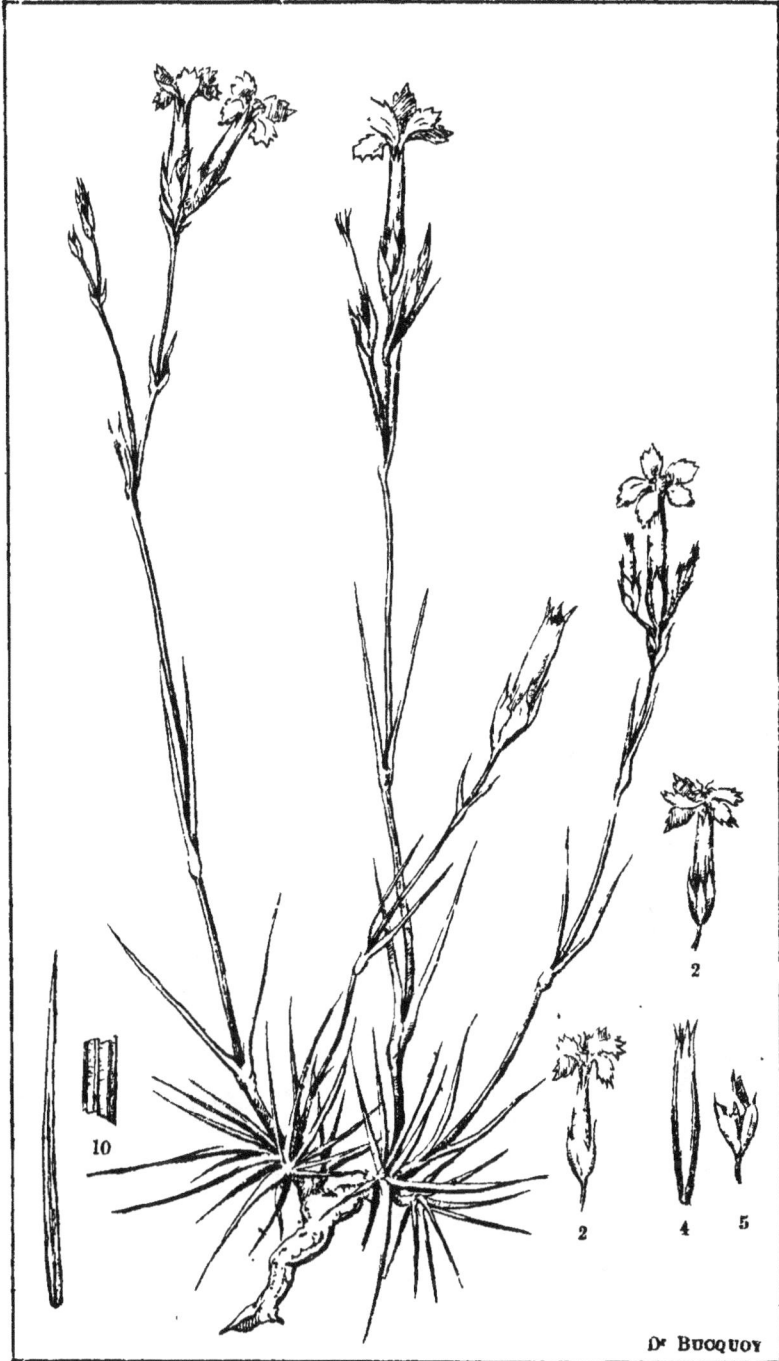

10

2

2   4   5

Dr BUOQUOY

DIANTHUS PYRENEUS (Pourret)
grandeur naturelle

Pl. XVII

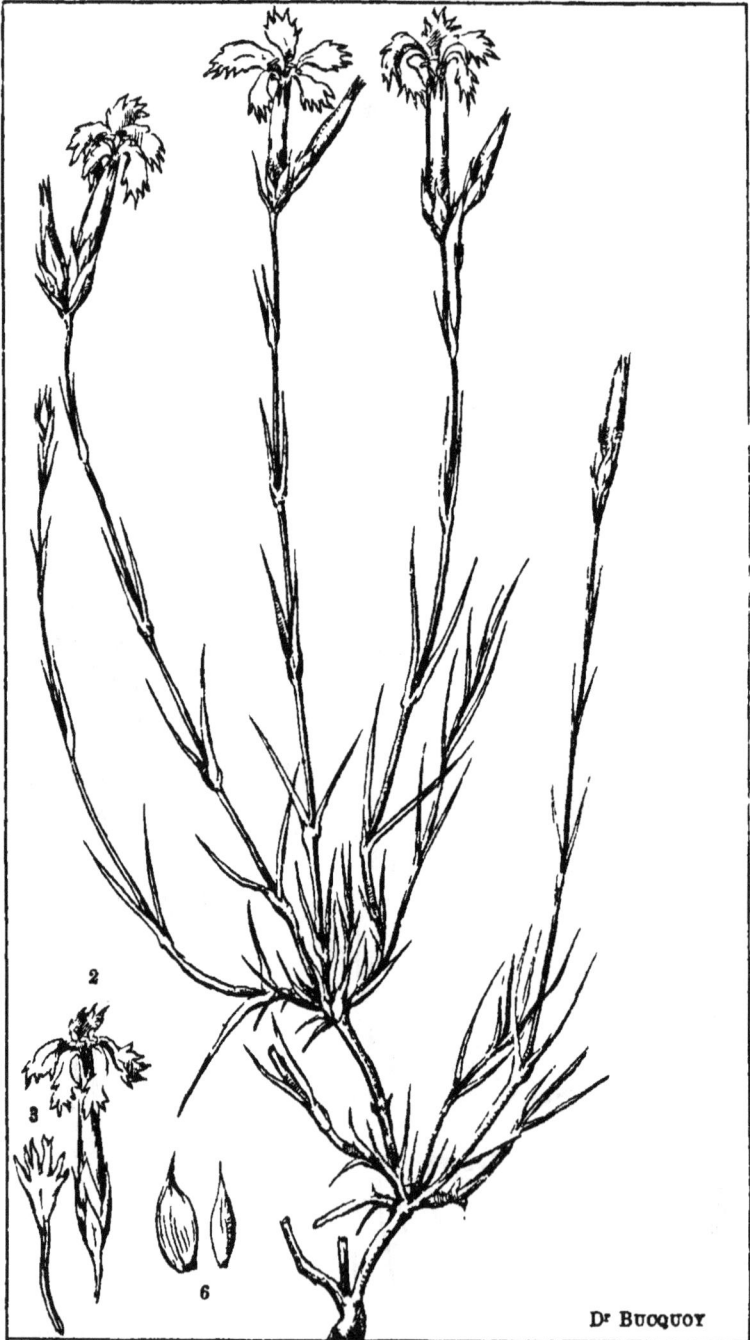

DIANTHUS CATALONICUS (Pourret)
1|2 grandeur

Dr Buoquoy

DIANTHUS BENEARNENSIS (Loret)

2|3 grandeur

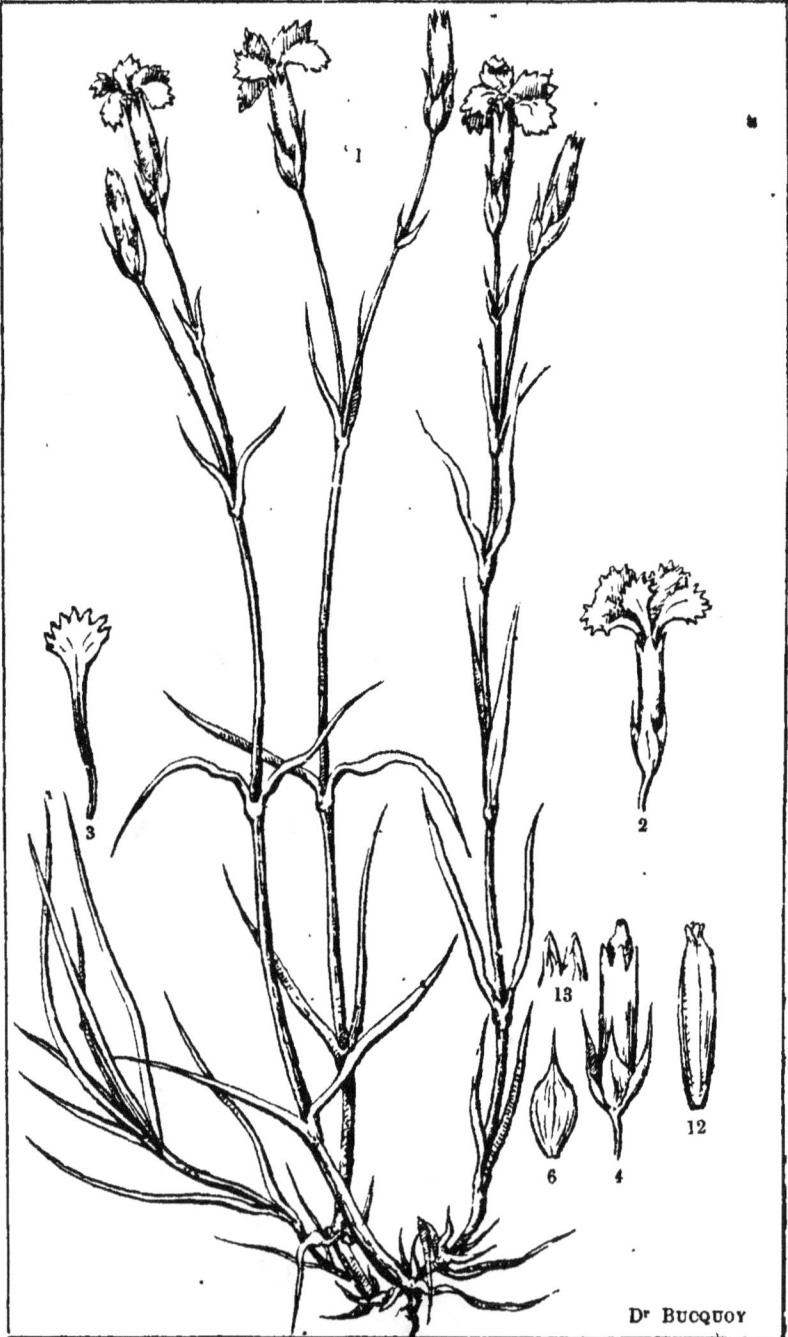

DIANTHUS ARAGONENSIS (Timb.-Lagr.)
grandeur naturelle

Dr BUCQUOY

Pl XX

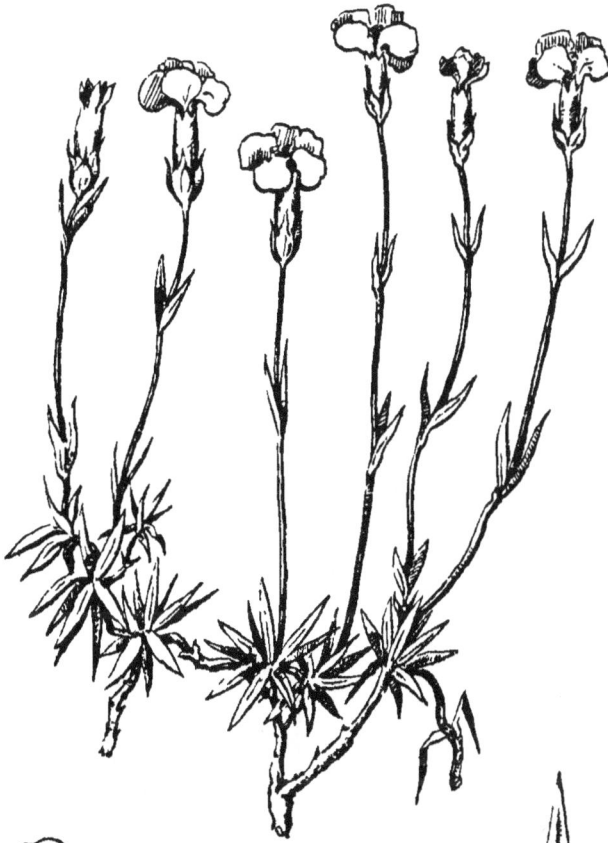

3

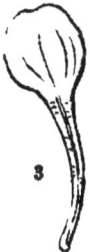

3

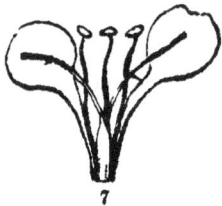

7

4

10

5

Dr BUCQUOY

DIANTHUS INSIGNITUS (Timb.-Lagr.)
grandeur naturelle

DIANTHUS MONSPESSULANUS (L.)
1|2 grandeur

Pl. XXII

Dr BUCQUOY

DIANTHUS MONSFESSULANUS (L.)
Variété Albidus (Timb.-Lagr.)
2:3 grandeur

Pl XXI

Dr Bucquoy

DIANTHUS MONSPESSULANU L;
Variété Wa desteinii (St rn.)
2/3 grandeur

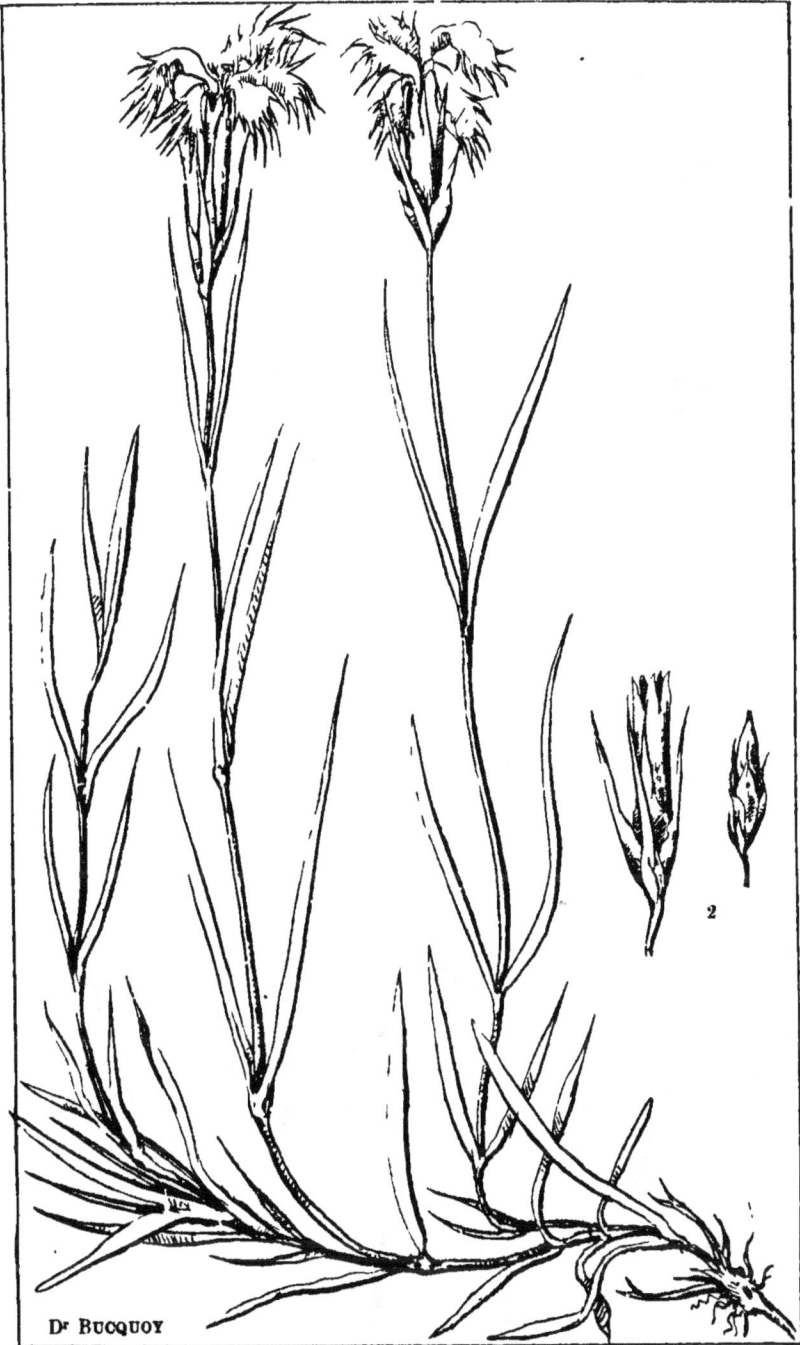

DIANTHUS MONSPESSULANUS (L.)
Variété Marsicus (Timb.-Lagr.)
2|3 grandeur

Dr BUCQUOY

DIANTHUS FALLENS (Timb.-Lagr.)
2|3 grandeur

DIANTHUS WARIONII (Bucquoy et Timb.-Lac.)
Catalonico Monspessulanus
2|3 grandeur

Dr BUCQUOY

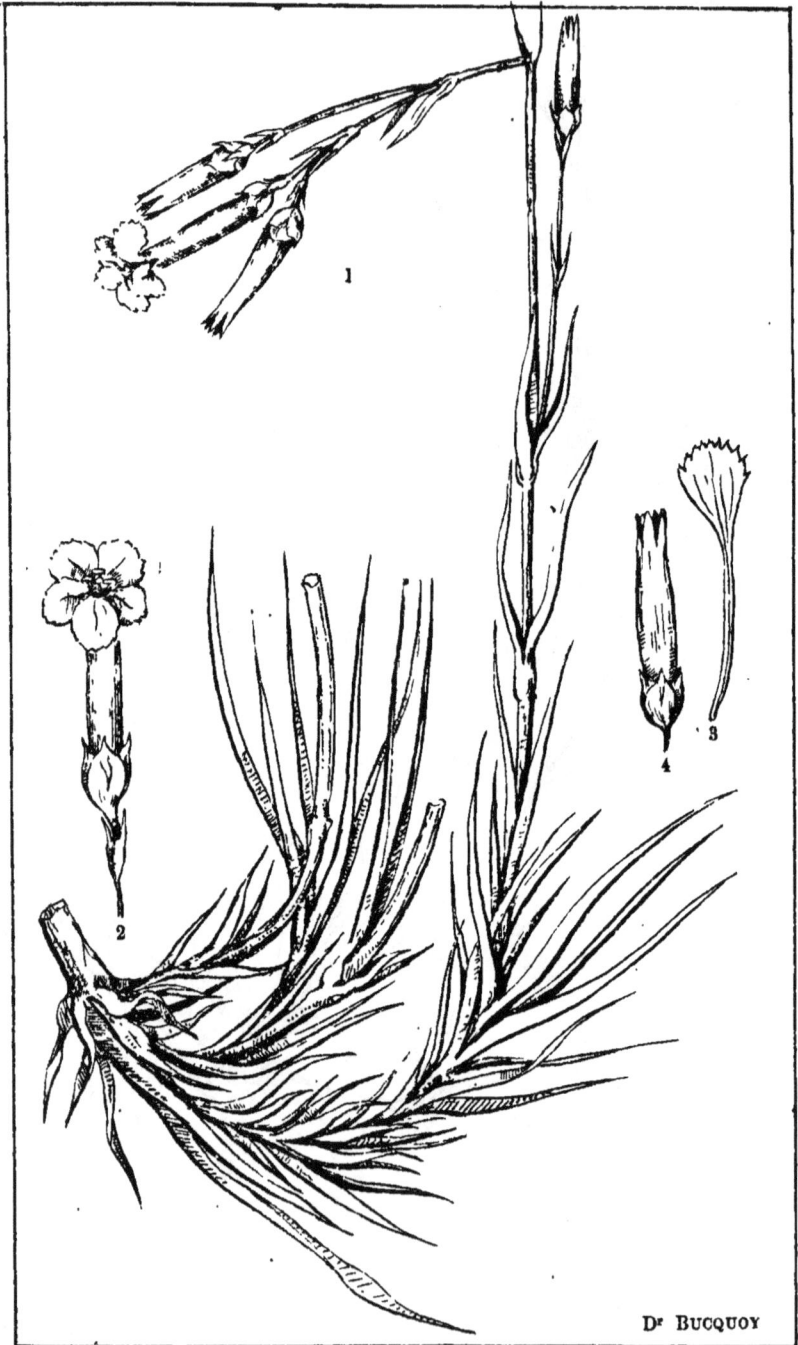

DIÁNTHUS CARYOPHYLLUS (L.)
1ı2 grandeur

Pl. XXVIII.

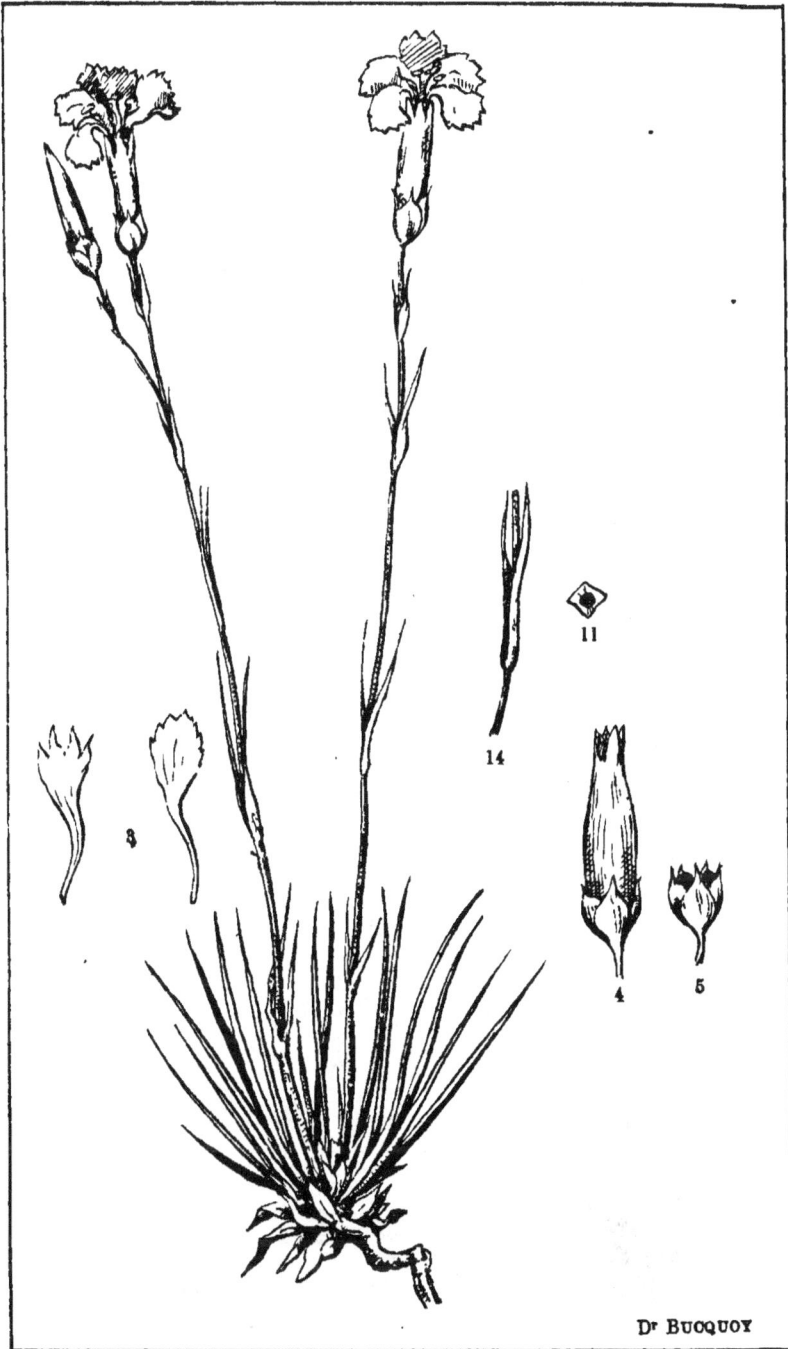

DIANTHUS GODRONIANUS (Iord.)
2⸍3 grandeur

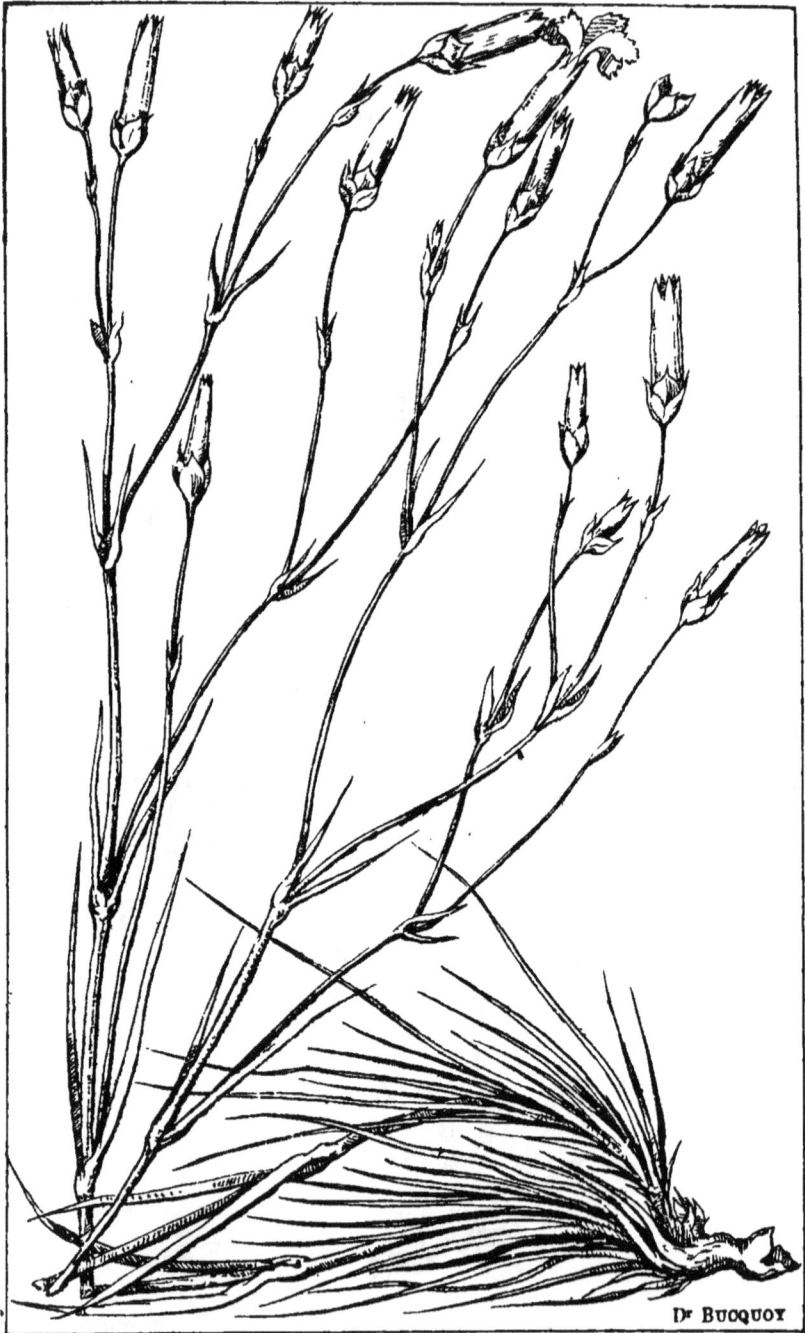

DIANTHUS GODRONIANUS (Iord.)
Variété Ramosus (Timb.-Lagr.)
1|2 grandeur

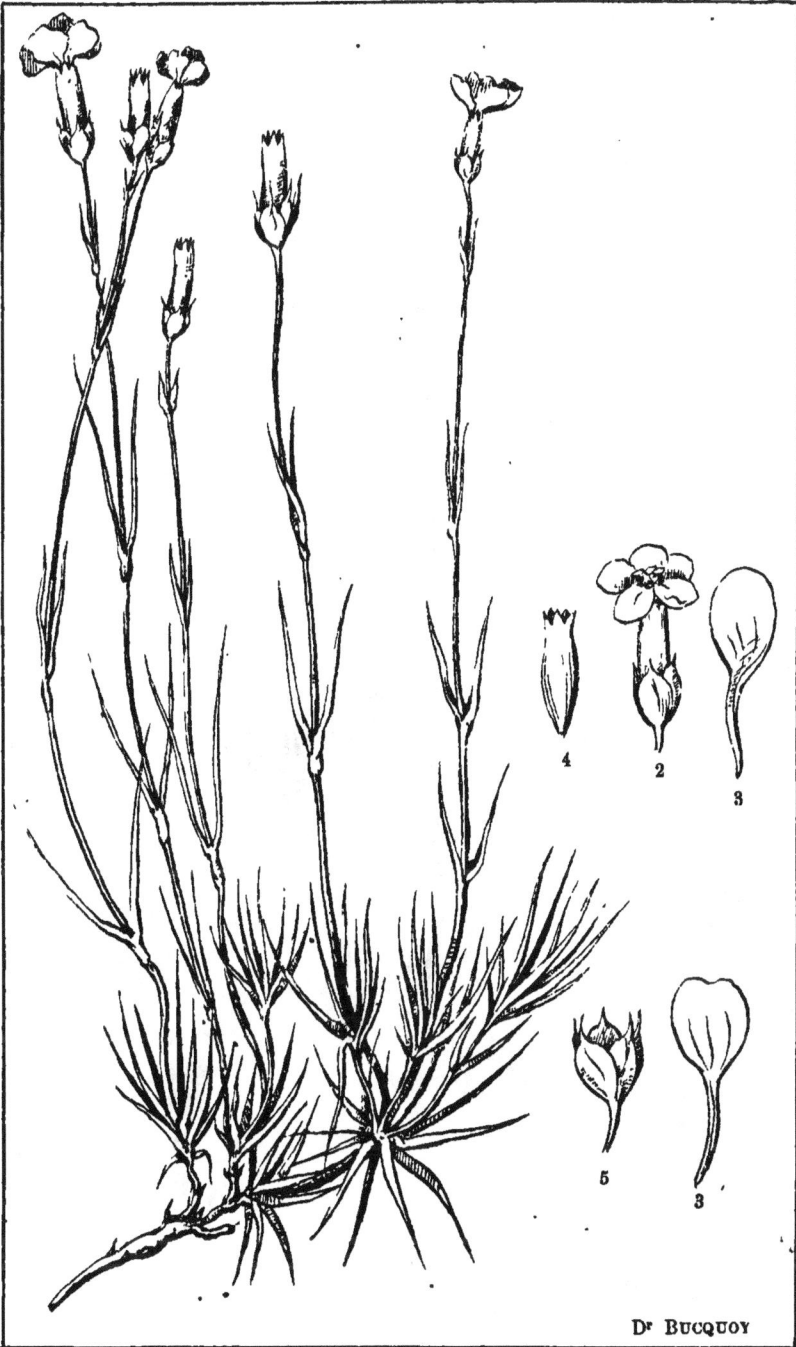

4   **2**   **3**

5   **3**

Dr Bucquoy

DIANTHUS VIRGINEUS (L.)
grandeur naturelle

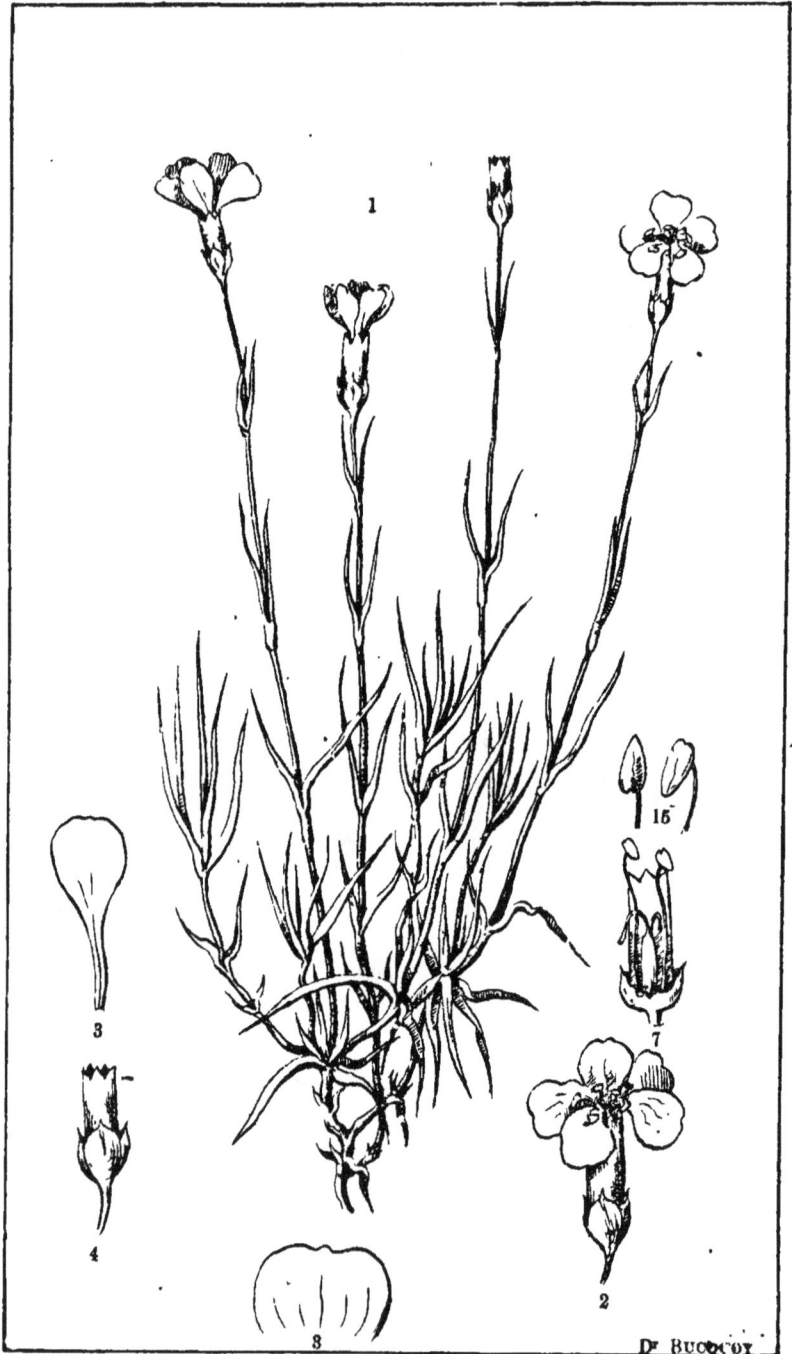

DIANTHUS BREVISTYLUS (T.-L. et Jeanbernat)
grandeur naturelle

Pl XXXII.

DIANTHUS SUPERBUS (L.)
1|2 grandeur

www.ingramcontent.com/pod-product-compliance
Lightning Source LLC
Chambersburg PA
CBHW050525210326
41520CB00012B/2445